FORD LKW

VOM TYP AA ZUM TRANSIT 1928–1986

Alexander F. Storz

Motor
buch
Verlag

Impressum

Einbandgestaltung: Luis dos Santos

Ganz alleine am Schreibtisch sitzend geht es nicht. Es bedarf Mitstreiter und Freunde. Dank und Fotonachweis (Anzahl der Fotos in Klammern): Eckhard Bartels, Waldemar Behn (9), Andreas Bergmann (2), Jens-Peter Berthmann, Michael Borgeest, Berthoud Historical Society (1), Wolfgang Diem, Hans-Joachim Gilbert, Uwe Heinritz (7), Peter Michels, Renault - Jean-Christophe Mounoury (1), Alexander Franc Storz (9), Lepoix-Archiv - Erika Kübler (1), Archiv Ford Köln, Klaus Stollenwerk (18), Archiv Ford GB (8), Archiv Holl (3), Archiv Kuch (7), Stadtarchiv Neu-Ulm (1), Archiv Storz (260), Archiv Westfalia(1).

ISBN: 978-3-613-04494-4

1. Auflage 2022

Sie finden uns im Internet unter www.motorbuch-verlag.de

Innengestaltung: ERWE-WERBUNG, Ralf Weinreich
Druck und Bindung: Graspo CZ, 76302 Zlin
Printed in Czech Republic

Inhalt

Foto: Ralf Weinreich

Einleitung

SUTTNER MOTOREN
Motoreninstandsetzung
Loikumer Rott 27
46499 Hamminkeln
Fernruf 02852/2626
Wagen 3

Foto: Ralf Weinreich

Am Anfang war der Ford. Am Anfang war der Transporter. Am Anfang war der Lastwagen. Am Anfang gab es keine Unterschiede. Zumindest keine gravierenden. Am Anfang waren alle Autos gleich, waren Transporter. Egal, ob sie Personen transportierten oder Güter, leichte oder schwere. Sie hatten ein Fahrgestell, das ziemlich robust war, mit Motor und Getriebe und zwei starren Achsen, wovon die hintere angetrieben war und die vordere lenken konnte. Und darauf wurden unterschiedliche Karosserien geschraubt, entweder zum Personen- oder zum Warentransport. Und weil das so war und weil das so einfach war, gab es keinen Unterschied zwischen dem Ford Model T, der Tin-Lizzy, und seiner Transportervariante - außer der Karosserie.

Je weiter die Evolution des Genres Automobil fortschritt, desto größer wurden die Unterschiede zwischen Pkw und Transporter und Lastwagen. Die Bedürfnisse und Erfordernisse an jede der Gattungen änderten sich, der Personenwagen wurde luxuriöser und repräsentativer und fernstreckentauglicher, der Transporter erforderte mehr Raumökonomie, Ladefreundlichkeit und Nutzlast und die Tonnageklassen der Lastwagen wurden immer höher, sodass die Hersteller gezwungen waren, jeweils eigene Fahrzeuge zu entwickeln. Manche spezialisierten sich auf dies oder auf das, andere wie Ford waren Vollsortimenter und boten alles vom Volksautomobil bis zum Schwerlaster an, speziell Ford darüber hinaus auch noch die Fordson-Traktoren.

Parallel zum Nachfolger der Tin-Lizzy, dem Ford Model A, gab es eine eigene Nutzfahrzeuggeneration (Model AA), und auch zum Model B fand sich eine Parallele (Model BB). Diese wanderte, ausgehend von den USA, hinaus in die weite Welt und wurde in den meisten der Ford-Filialen weltweit gebaut, entweder selbst produziert oder, mehrheitlich, aus angelieferten Einzelteilen montiert. Das ging bis weit über den Zweiten Weltkrieg hinaus, der Ford BB Lastwagen war eine unsterbliche Institution. Er wurde im Kleinen technisch modifiziert, die Tonnageklasse diversifizierte die Grundtypen und wurde immer höher, aus dem Ein-Motor-Angebot wurde eine Auswahl zwischen Vier- und Achtzylinder und zeitweise auch Dieselaggregaten, und immer mal wieder gab es ein neues Fahrerhaus, dessen Gestaltung dem Zeitgeschmack unterlag und dem Käufer Modernität suggerierte. Das Fahrerhaus orientierte sich an der Gepflogenheit, dass ein Lkw-Hersteller das Zugeständnis machen musste, dass ein Lastwagenfahrer auch ein Mensch

Der Zweite Weltkrieg förderte beides, die Massenproduktion der Ford-Lastwagen und ihren baldigen Massenexodus. Im russischen Schlamm ließen zwei Ford-Lastwagen-Generationen ihr Leben, der Barrel Nose (Bild) bis 1942 und sein Nachfolger mit der Habichtfront, der nach dem Krieg als Rhein und Ruhr eine zivile Karriere machte.

ist und Grundbedürfnisse hat. Ford formulierte das im 1955er Prospekt so: »Innen eine bequeme Ausstattung erhöht die Leistung des Fahrers.« Heute könnte man das fast schon als zynisch interpretieren, vielleicht sogar als menschenverachtend. Die Bequemlichkeit im Fahrerhaus, so liest man heraus, dient nicht dem Wohlbefinden des Fahrers, sondern ausschließlich dazu, seine Leistung zu erhöhen. Damals sah man das anders. Vielleicht machte sich der Werbetexter auch schlichtweg keine weiterführenden Gedanken und dachte eindimensional – zumindest richtete sich der Text ausschließlich an den Lastwagenkäufer und nicht an den -fahrer (der allerdings eher selten Eigentümer des LKW ist). Mit weiteren Motorneuentwicklungen, die letztlich nicht das gewünschte Resultat brachten, manövrierte sich die deutsche Ford-Filiale in Sachen Lastwagenbau ins Aus und zog sich 1961 aus der Branche vollkommen zurück. Es gab, unter neuen, europäischen Vorzeichen, eine Art Comeback 1973, das in stringenter Folge bis zum Ford Cargo der 80er Jahre führte, eines durchaus konkurrenzfähigen Lasters der mittleren Klasse. Doch sein Ende 1992 war auch das Ende des europäischen Ford-Lastwagen-Baus.

Damals war Ford in Sachen Transporter allerdings bestens aufgestellt. In Deutschland spielte der Transit die zweite Geige hinter dem Allzeitfavoriten VW Bulli, aber eben nur in Deutschland. Der erste Ford-Transpor-

Berliner Straßenszene von 1958, und bis auf den Opel Rekord P I sind die Protagonisten damals schon alte Autos. Der VW Bulli ist ein T1a vor 1955 (mit Blinkern nachgerüstet), und rechts ins Bild blickt ein Ford-Lastwagen der ersten Nachkriegsepoche bis 1951. Als V 3000 S hatte er bereits den Krieg erlebt und war an der Front, als Rhein und Ruhr wurde er zivil. Der VW steht in Diensten von Dynacord, 1945/46 gegründet und heute Teil des Bosch-Konzerns. Das war ein Tontechnik-Hersteller, er machte sich einen Namen durch Verstärker und später, in den 60er Jahren, als Diskotheken so richtig Mode wurden, kamen die »Lichtorgeln« vielfach von Dynacord.

ter nach dem Krieg, der FK 1000 und seine Gebrüder, focht einen eher nationalen Kampf gegen den VW T1 aus, aber die zweite Transit-Generation, der Kurzhauber von 1965 bis 1986, war europäisch aufgestellt. Er wurde in England rechtsgesteuert für Großbritannien und seine Exportmärkte und im belgischen Genk linksgesteuert für den Kontinent gebaut. Er kämpfte mitnichten nur gegen den VW mit seiner sehr speziellen Heckmotorbauart, die gesamteuropäisch in den 60ern und 70ern alles andere als allgemein geliebt wurde. Er war auf dem gesamten Europamarkt, Kontinent und britische Insel, präsent, und in Großbritannien war er der unangefochtene Platzhirsch - was auch an der viel höher angesiedelten Beliebtheitsposition der Marke Ford auf der Insel liegt, dort viel ausgeprägter als in Westdeutschland.

Vorliegendes Buch beschäftigt sich mit den deutschen Ford-Nutzfahrzeugen, den Lastwagen und dem Transit der ersten Generationen bis in die 80er Jahre hinein. Weil, mit Ausnahme des rein-deutschen FK 1000, alle Ford-Nutzfahrzeuge letztlich auf amerikanische Konstruktionen zurückgehen oder zumindest

Ford baute Lastwagen. Aber auch ein Omnibus-Chassis, und mehrere Aufbauhersteller realisierten in früher Nachkriegszeit und den 50er Jahren Ford-Omnibusse. Hier ein Reisebus mit Karosserie von Peter Bauer in Köln, Baujahr 1951.

Amüsante Art des Kleinwagen-Transports: Zweifarbige BMW Export-Isetta auf der Pritsche eines Ford FK 3500 (1951 bis 1955) mit Pritschenaufbau von Eylert aus Wuppertal. Nachdem die Isetta so neugierig über die Pritschenbegrenzung hinauslugt, ist anzunehmen, dass der Ford zwei »Knutschkugeln« hintereinander geladen hat.

Der letzte traditionelle Ford-Lastwagen: Im besten und schönsten 50er-Jahre-Stil geschaffen ist der Ford FK 2500 mit integriertem Kofferaufbau zum Möbeltransport in hochelegant abgesetzter Zweifarbenlackierung, eine Schöpfung von Kässbohrer in Ulm. Interessant sein Kennzeichen. Das ist ein Überführungskennzeichen zu Zeiten der Besatzungskennzeichen vor 1956. Die Standardnummernschilder waren schwarz mit weißer Schrift. Die »rote Nummer« war weiß mit roter Schrift, was trotz Schwarz-Weiß-Foto zu erkennen ist.

amerikanischen Einflüssen ausgesetzt waren und in vielen Ford-Filialen gebaut wurden, kann sich die Ford-Nutzfahrzeuggeschichte nicht auf Ford-Köln beschränken, sondern muss zumindest aus europäischem Blickwinkel betrachtet werden. Das gilt besonders für den zweiten Transit, den Kurzhauber, der unter dem Projektnamen Rotkäppchen entwickelt wurde.

Die englische Filiale hatte ihren eigenen Transporter konstruiert, die deutsche ebenso, und weil sich beide, trotz der sich gerade abzeichnenden Verschmelzung zu Ford-Europe, nicht auf ein Konzept einigen konnten, konstruierte das US-Mutterhaus kurzerhand eine eigene Interpretation des Themas Transporter und oktroyierte sie den beiden Europa-Filialen auf – These

Reizende Tankstellenszene mit FK 1000 und einem seiner Konkurrenten, ein DKW Schnell-Laster als Pritschenwagen zeigt sein Heck. Gesellschaft erhalten sie von zwei Goggomobilen, Limousine und Coupé. Der Tankwart erhält Unterstützung von einer Gänsefamilie, und er hat Gasolin im Angebot. Im Vordergrund das Ölkabinett, das Gasolin-Motoröl wurde bis 1959 unter der Marke Motanol verkauft, dann wechselte der Name auf Record.

und Antithese werden zur Synthese verschmolzen, bei der keiner der Beteiligten mehr verliert als der andere. Das ist somit die klassische Alternative zum Kompromiss, bei dem sich stets einer der Beteiligten mehr benachteiligt fühlt. Gleichsam ist dies auch ein Gleichnis dafür, wie der US-Mutterkonzern seine Filialen leitete und bis heute leitet.

Während die europäische Ford-Lastwagen-Geschichte in sich abgeschlossen ist, ist der Transit eine unendliche Geschichte mit prosperierender Zukunft; ein Typenprogramm, das sich immer mehr diversifiziert. Dies ist ein historisches Buch, weswegen wir den Transit-Rückblick 1986 enden lassen (natürlich mit einem Blick auf die weitere Entwicklung). Denn die Transit nach dem Kurzhauber, also ab 1986, sind noch heute auf der Straße. Sie sind nicht historisch, sie sind (mehr oder weniger alte) Gebrauchtwagen, was auch für die unter dem Transit angesiedelten Lieferwagen, Vans und Kleinbusse à la Econovan, Transit Connect, Transit/Tourneo Courier gilt. Einzig den Ford-Lieferwagen auf PKW-Basis sei ein extra Kapitel gewidmet, also all den 12m und 17m Turnier mit Verblechungen anstelle der hinteren Seitenscheiben. Denn sie sind in allen Ford-Büchern zu kurz gekommen und haben auch ihre Rechte.

Ulm, im September 2022 Alexander Franc Storz

Straßenverkehr in Neu-Ulm im Jahre 1969 mit den beiden populärsten Vertretern der Transit-Kurzhauber-Serie, dem Lieferwagen und dem Kombi. Vorne sehr prominent ein älterer Opel Kapitän P 2,6 als Taxi, gefolgt von einem Ford 17m P7b Turnier.

Der Transit war nicht nur ein Arbeiter, er war auch Reisebegleiter, und dann trug er ein zweifarbiges Kleid. Transit Kleinbusse wurden von kleinen Reisegesellschaften gechartert, Kegelclubs beispielsweise. Man kehrt in die Alte Mühle ein und freut sich auf Kaffee und Kuchen. Aber bitte mit Sahne!

Ein Mann, zwei Ford und eine große Holzhütte in Österreich: Der Transit Kastenwagen ist ein Diesel, im Volksmund »Schweineschnauze« genannt, und der weiße Ford ist ein eher seltener Vogel, denn der 17m P7a wurde nur ein Jahr lang gebaut (August 1967 bis Juli 1968).

Das Mittelding zwischen Personenwagen und Nutzfahrzeug, der kleine Lieferwagen, schon in der Vorkriegszeit populär, die Hochphase in den 50er Jahren, dann zumindest in Westdeutschland ein Auslaufmodell. Im Ausland genießt dieses Genre teilweise bis heute Steuervorteile. Im Bild ein 1948er Taunus Lieferwagen mit Ford-Werbung an der Flanke.

Die Transit-Geschichte ist ohne die türkische Ford-Filiale Otosan undenkbar. Seit 1967 montiert Otosan den Transit, in der Türkei der Transporter schlechthin. Und heute kommen alle Transit für den Weltmarkt aus der Türkei.

Der Ford Cargo als Vertreter der letzten europäischen Ford-Lastwagen-Generation, auf dem Kontinent kaum mehr als ein Strohfeuer, in Großbritannien in seiner Klasse der Marktführer.

Von der Blech-Liesel zum 3-Tonner-Bestseller: Ford-Lastwagen bis 1945

Die Entwicklung bis 1945

Es war ein langer und steiniger Weg von der Lieferwagen-Version der Tin Lizzy, der Blech-Liesel, zum meist verkauften Lastwagen der 3-Tonner-Kategorie. Lang und steinig war auch der Weg von der reinen Montage importierter Fahrzeugeinzelteile am Berliner Westhafen zur Komplettproduktion in Köln-Niehl. Ford ging einen anderen Weg als der Erzrivale General Motors. Während GM ganz pragmatisch das deutsche Automobilwerk Opel kaufte, bemühte sich Ford, ohne Umwege vom Importeur und Montagebetrieb zum Produzenten zu reifen. Das war notwendig in den von wirtschaftlicher Nachkriegsnot geprägten 20er und den national bestimmten 30er Jahren, als Automobilbauer ohne das Prädikat »Deutsches Erzeugnis« diskriminiert wurden – nicht nur durch protektionistische Einfuhrzölle, sondern sogar durch das Gebot, dass Autos »undeutscher« Hersteller nicht auf Behörden- oder Kasernenparkplätzen stehen durften. Ganz zu schweigen davon, dass deutsche Behörden und vor allem das Militär jene Marken verschmähten, deren Wertschöpfung nicht ausschließlich im Deutschen Reich erfolgte. Das erste Kapitel beschreibt den Weg der Ford-Lastwagen vom Importprodukt über das manuell zusammengeschraubte Montagefahrzeug zum »Deutschen Erzeugnis«, das eben dieses Logo im Kühlergrill trug und die 3-Tonner-Kategorie unter den deutschen Lastwagen dominierte - deutlich vor dem Opel Blitz. Die Wehrmacht kaufte während des Krieges zwar mehr Blitze als Ford V8-Lastwagen, und dennoch gehörte der »Wehrmachts-Ford« zu den Stützen des Heeres im Krieg – und wurde nach Kriegsende sofort und nahezu unverändert in die Friedensproduktion übernommen.

Das T-Modell überschwemmt die ganze Welt

In standardisierter Bauweise und auf gleich bleibendem Qualitätsniveau baute Henry Ford in Dearborn/Michigan seine Tin Lizzy, das Ford Model T. Kein Luxusattribut, sondern ein Fahrzeug fürs Volk, kein elaborierter Wagen für Herrenfahrer, sondern quasi der Nachfolger des Reitpferdes. Einfache Technik (2,9-Liter-Vierzylinder mit 20 PS, Zweigang-Planetengetriebe), dabei leicht (580 Kilo) und mit 12 Litern auf 100 Kilometer erstaunlich sparsam. Henry Ford perfektionierte seine Monokultur Tin Lizzy ab 1908, bot das Auto immer billiger

Amerikanischer Ford T Pickup von 1925, also die Lieferwagenversion des Personenwagens, kein Model TT mit verlängertem Radstand.

an und verkaufte Unmengen. Ford wollte nicht nur die USA, sondern auch Europa (und den »Rest der Welt«) damit überschwemmen. Mit Europa setzte er an. In seiner alten Heimat Irland entstand 1913 die erste Montagefabrik, 1914 in England, und es wäre weiter gegangen, wenn der Erste Weltkrieg nicht als Zäsur gewirkt hätte.

In den USA setzte Henry Ford auf die rationelle Fließbandfertigung und war damit Vorhut für die Branche, die seine Fabrik bereiste und von ihm lernen wollte. Gleichsam bezahlte Ford seine Arbeiter gut, weil er wollte, dass sie sich eben jenes Auto leisten konnten, das sie am laufenden Band zusammenschraubten. Fords Vorsprung schien uneinholbar. Anfang der 20er Jahre waren die Hälfte aller Autos auf der ganzen Welt Ford-Automobile. Der Name Ford war das Synonym für modernen Automobilbau. Jedes industrialisierte Land Europas beschäftigte sich mit der Idee des Volksautomobils nach Ford'schem Vorbild, und speziell in England war das Model T ein Bestseller. Doch in den meisten anderen Ländern gab es nationale Produkte, und importierte Model T wurden in den jeweiligen Importländern mit Einfuhrzöllen belegt, was ihre preisliche Überlegenheit konterkarierte. Deutschland erließ nach dem Ersten Weltkrieg 1920 sogar einen Einfuhrstopp für ausländische Autos, aus protektionistischen Gründen. Vertreten war Ford damals mit Montagewerken (Zusammenbau von importierten Einzelteilen) in Belgien und Dänemark; in England und Irland wurde das Model T sogar produziert.

Ende 1924 entsandte Ford-Kopenhagen (seiner-

Ein fast hundert Jahre alter Autoprospekt: Deckblatt des deutschen TT-Prospektes vom Januar 1926, auf dünnem, brüchigem Papier gedruckt, ziemlich verblichen. Das dürfte das erste deutschsprachige Dokument über den Ford TT sein.

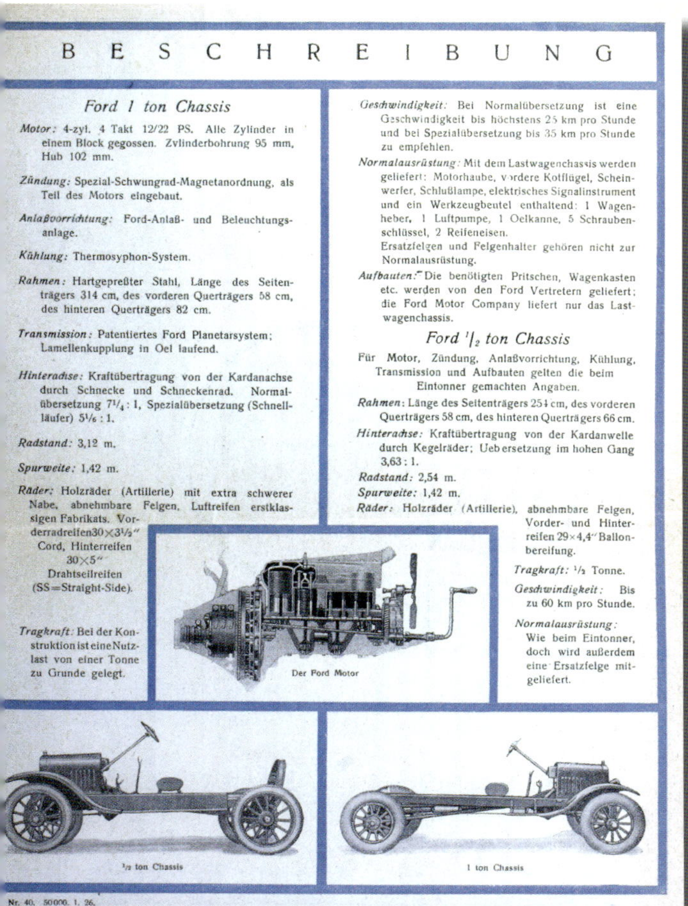

BESCHREIBUNG

Ford 1 ton Chassis

Motor: 4-zyl. 4 Takt 12/22 PS. Alle Zylinder in einem Block gegossen. Zylinderbohrung 95 mm, Hub 102 mm.

Zündung: Spezial-Schwungrad-Magnetanordnung, als Teil des Motors eingebaut.

Anlaßvorrichtung: Ford-Anlaß- und Beleuchtungsanlage.

Kühlung: Thermosyphon-System.

Rahmen: Hartgepreßter Stahl, Länge des Seitenträgers 314 cm, des vorderen Querträgers 58 cm, des hinteren Querträgers 82 cm.

Transmission: Patentiertes Ford Planetarsystem; Lamellenkupplung in Oel laufend.

Hinterachse: Kraftübertragung von der Kardanachse durch Schnecke und Schneckenrad. Normalübersetzung $7^1/_4$: 1, Spezialübersetzung (Schnellläufer) $5^1/_6$: 1.

Radstand: 3,12 m.

Spurweite: 1,42 m.

Räder: Holzräder (Artillerie) mit extra schwerer Nabe, abnehmbare Felgen, Luftreifen erstklassigen Fabrikats. Vorderradreifen 30×3½″ Cord, Hinterreifen 30×5″ Drahtseilreifen (SS=Straight-Side).

Tragkraft: Bei der Konstruktion ist eine Nutzlast von einer Tonne zu Grunde gelegt.

Geschwindigkeit: Bei Normalübersetzung ist eine Geschwindigkeit bis höchstens 25 km pro Stunde und bei Spezialübersetzung bis 35 km pro Stunde zu empfehlen.

Normalausrüstung: Mit dem Lastwagenchassis werden geliefert: Motorhaube, vordere Kotflügel, Scheinwerfer, Schlußlampe, elektrisches Signalinstrument und ein Werkzeugbeutel enthaltend: 1 Wagenheber, 1 Luftpumpe, 1 Oelkanne, 5 Schraubenschlüssel, 2 Reifeneisen.
Ersatzfelgen und Felgenhalter gehören nicht zur Normalausrüstung.

Aufbauten: Die benötigten Pritschen, Wagenkasten etc. werden von den Ford Vertretern geliefert; die Ford Motor Company liefert nur das Lastwagenchassis.

Ford ½ ton Chassis

Für Motor, Zündung, Anlaßvorrichtung, Kühlung, Transmission und Aufbauten gelten die beim Eintonner gemachten Angaben.

Rahmen: Länge des Seitenträgers 254 cm, des vorderen Querträgers 58 cm, des hinteren Querträgers 66 cm.

Hinterachse: Kraftübertragung von der Kardanwelle durch Kegelräder; Uebersetzung im hohen Gang 3,63 : 1.

Radstand: 2,54 m.

Spurweite: 1,42 m.

Räder: Holzräder (Artillerie), abnehmbare Felgen, Vorder- und Hinterreifen 29×4,4″ Ballonbereifung.

Tragkraft: ½ Tonne.

Geschwindigkeit: Bis zu 60 km pro Stunde.

Normalausrüstung: Wie beim Eintonner, doch wird außerdem eine Ersatzfelge mitgeliefert.

Der Ford Motor

½ ton Chassis

1 ton Chassis

Nr. 40. 50000. 1. 26.

Deutsche Beschreibung des Ford TT von 1926, der auch hierzulande auf »amerikanisch« als Ford 1 ton Chassis bezeichnet wurde.

seits eine Tochtergesellschaft von Ford-England) fünf Männer nach Berlin, als Chef George Carlson, sein Vize mit Prokura war Erhard Vitger. Sie akquirierten einige deutsche Händler, die zuvor bereits Fordson-Traktoren nach Deutschland holten (Traktoren waren vom Importverbot ausgenommen). Nach dem Krieg herrschte zwischen Belgien und dem belgisch besetzten Teil Deutschlands weitgehende Zollfreiheit, und so kamen auch ein paar in Antwerpen montierte Model T ins Land, vor allem in die Gegend um Aachen. Nun wurde die Ford Motor Company Berlin gegründet, mehrheitlich im Besitz der englischen Ford-Filiale, die dänische war beteiligt. Ab Anfang 1925 wurde peu-à-peu wieder Automobilimport nach Deutschland gestattet, anfänglich eine Quotenregelung, ab Sommer Handelsfreiheit. Ab dann begann der professionelle Import des Ford Model T und des Eintonner-Lieferwagens auf dessen Basis (genau: 0,91 Tonnen Zuladung); die Fahrzeuge kamen sowohl aus Antwerpen als auch aus Kopenhagen. Ford-Wagen waren zu diesem Zeitpunkt also reine Importprodukte – und zollfrei. Das empörte die deutsche Automobillobby, und so ruderte die Reichsregierung zurück, legte wieder Einfuhrzölle fest und brachte das Geschäft mit importierten Autos zum Erliegen. Ford konnte erneut nur seine Fordson-Traktoren gewinnbringend verkaufen – was

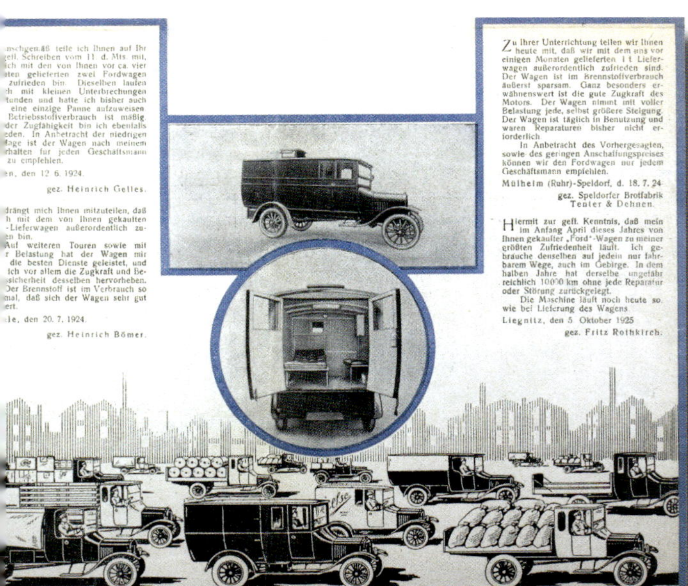

Werbung von 1925: Zufriedene Kunden bescheinigen dem Werk die Güte des Produktes: »Es drängt mich, Ihnen mitzuteilen, daß...« oder „»Hiermit zur geflissentlichen Kenntnis, daß...«.

Den ersten Einsatz der Flugbenzinmarke Stanavo demonstriert dieser Ford TT Tankwagen anlässlich eines Rekordfluges: Bei dem noch mit Dapolin gekennzeichneten Ford TT war der Tank bereits mit der neuen Markenbezeichnung Stanavo beschriftet. Stanavo war seit 1930 die Flugbenzinmarke der Deutsch-Amerikanischen Petroleum-Gesellschaft (DAPG). Die 1870 gegründete amerikanische Standard Oil Co. dehnte 1890 ihren Trust auf Deutschland aus, daraus wurde die DAPG mit der Kraftfahrzeugbenzinmarke Dapolin und der Flugbenzinmarke Stanavo. Später wurde daraus Esso.

Fordson-Traktoren waren stets importierbar, sie unterlagen keinen Zoll-Beschränkungen. Aufnahme aus den USA, Auslieferung des ersten Fordson-Traktors nach Berthoud/North Carolina an den Ford-Händler Bashor & Wray im Jahre 1918.

allerdings das Händlernetz bei der Stange hielt.

Von den Amerikanern reagierte General Motors als Erster und eröffnete in Hamburg ein Montagewerk. Denn die Einfuhr von Einzelteilen wurde weniger stark besteuert als der Import von Komplettfahrzeugen, weil ein wesentlicher Teil der Wertschöpfungskette bei Bausatzfahrzeugen schließlich im Bestimmungsland erfolgte. Darauf reagierte Ford-Deutschland und mietete im Berliner Westhafen drei Etagen der dortigen Getreidehallen: Parterre mit kleinem Fließband, erste Etage Lackiererei, Kellergeschoss als Teilelager. Abgesandte von Ford-Kopenhagen richteten die Fließbandfertigung ein. Im April 1926 wurden die ersten beiden in Einzelteilen angelieferten Model T montiert; die Transporter auf Basis des T-Modells, also die 1 Ton Trucks, folgten auf dem Fuße. Zusätzlich zu den Montagewagen wurden auch noch Fahrzeuge aus Belgien und Dänemark importiert, weil die Nachfrage so hoch war. Zunehmend verwendete Ford einige in Deutschland gefertigte Teile für die Montage (Lack, Stoffe, Glas, Gummiteile, Reifen), denn die waren noch preiswerter, weil sie nicht verzollt werden mussten. So erhöhte sich zunehmend der Anteil in Deutschland gefertigter Komponenten. Aber natürlich waren Ford-Automobile nach wie vor eine US-Konstruktion und das Gros der Einzelteile wurde aus den Ford-Filialen Antwerpen und Kopenhagen importiert.

1917 emanzipierte sich die Nutzfahrzeugversion des Model T vom Personenwagen, angestoßen durch das amerikanische Militär. Ein spezielles, stabileres Chassis wurde entwickelt, der 1 Ton Truck wurde geboren, 66 cm mehr Radstand als der Pkw, anfangs Holzspeichenräder mit Vollgummibereifung. Das für den 1 Ton Truck typische Fahrerhaus mit dem C-förmigen Einstieg für Fahrer und Beifahrer in die seitlich offene Kabine kam 1924, 1925 auch mit Türen und mit Werksaufbauten wie Pickup, integrierter Kastenaufbau oder Viehwagen, schon zuvor optionale Pneus (also Luftreifen). Der überwiegende Teil der in Deutschland montierten T-Modelle waren 1 Ton Trucks, also Ford Model TT, und die TT-Produktion überdauerte jene des Personenwagens auch um einige Monate. Bis Mai 1927 lief die Produktion der Tin Lizzy in den USA, der TT wurde bis August weitergebaut. Gleichzeitig war auch in Berlin Schluss mit dem Model T und TT. Nachfolger wurde 1928 der Ford AA Truck.

Die Ursprünge von Ford in Deutschland: die gemieteten Montagehallen in Berlin-Plötzensee am Westhafen 1925.

Wer AA sagt...

Der Nachfolger der Tin Lizzy, das Modell A, ließ elf Monate auf sich warten, ein modern konstruierter, 100 km/h schneller Wagen mit 3205-cm³-Vierzylinder und 40 PS, jedoch nach wie vor mit rückschrittlichen, mechanischen Gestängebremsen. Ab August 1928 wurde das Modell A in Berlin montiert, speziell für Deutschland auch als Modell AF mit 2-Liter-Motor mit 28 PS. Die Lieferwagenversion Typ AA trug den 3,2-Liter-Motor, die 2-Liter-Variante hieß AAF. Beide waren 1,5-Tonner, bei hinterer Zwillingsbereifung durften 2 Tonnen geladen werden.

Am 2. Oktober 1930 war Grundsteinlegung für die neue Ford-Fabrik in Köln am Rheinufer, Henry Ford selbst reiste dazu an; am 2. Juni 1931 verließ das erste Modell A das Kölner Fließband, zunächst nur Lieferwagen AA und AAF. Gegenüber dem Personenwagen wurde, wie zuvor beim TT, der Rahmen verlängert und verstärkt, Stahl- statt Drahtspeichenfelgen, zwei Radstandversionen. In den USA gab es mehr Aufbauvarianten als in den Filialen. Basis war der Express Body mit Stahlpritsche. Dann gab es zum Transport von Vieh den Stake Truck mit breiterer Pritsche und aufgesetzten Holzgittern. Der Panel Van war ein Transporter mit integriertem, geschlossenem Aufbau. Auf Basis des Personenwagens gab es auch Nutzfahrzeugabarten, einen Pickup, einen Panel Van mit kurzem Radstand und eine Art Kombi, den De Luxe Delivery Van, darüber

Grundsteinlegung in Köln-Niehl am 2. Oktober 1930: Henry Ford persönlich betätigt sich als Maurer. Freimaurer war er immerhin.

hinaus einen Woodie. Auf Basis des Ford AA baute die Sowjetunion bis 1950 den GAZ-AA.

Zu viele Einzelteile wurden nach wie vor importiert, als dass ein Ford als »deutsches Auto« gelten konnte, was wiederum Voraussetzung für Aufträge der öffentlichen Hand war. So wurde jahrelang gestritten, wie deutsch ein Ford-Fahrzeug doch sei. Ford selbst übertrieb mit der Anzahl überwiegend deut-

Die Basis für alles: »The new Ford Truck« ist der Typ AA zwischen 1928 und 1932.

scher Komponenten, der Reichsverband der Automobilindustrie untertrieb, weil er einen unliebsamen ausländischen Konkurrenten los werden wollte. Erzrivale General Motors hatte diese Probleme nicht. GM hatte 1928/29 ganz einfach Opel aufgekauft. Und Opel war fraglos eine rein deutsche Marke. Der

Ford AA mit Twinsix-Dreiachsumbau als Tanklastwagen, dahinter eine Fokker F XII von 1932. Vor dem Flugzeug steht ein Schmierkabinett (Motoröl) mit Handpumpe. Auch wenn es merkwürdig aussieht: Die Fokker wird in den Hydranten enttankt (denn es ist keine Pumpe im Einsatz), und der Schlauch vom Tankwagen zum Hydranten ist nicht angeschlossen, auch der Ölwagen ist nicht in Betrieb. Die Szene ist gestellt, Shell wollte offenbar ein schönes Pressefoto haben.

Das Allzweckfahrzeug für den amerikanischen Farmer und den deutschen Bauern: Der AA Pickup.

Das nennen die Angelsachsen »Stake Truck«: Pritschenboden mit niedrigen Pritschenwänden und darüber ein Holzgitter. Der typische Viehtransportwagen. Ford AA von 1929 mit Drahtspeichenfelgen.

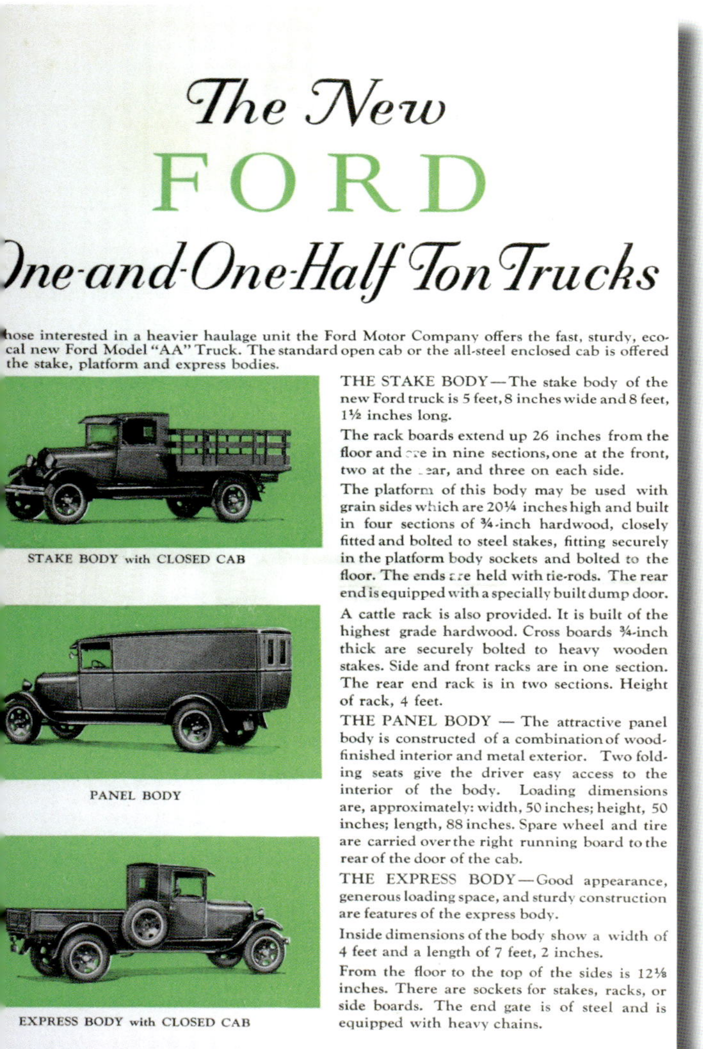

The New

FORD

One-and-One-Half Ton Trucks

hose interested in a heavier haulage unit the Ford Motor Company offers the fast, sturdy, eco-cal new Ford Model "AA" Truck. The standard open cab or the all-steel enclosed cab is offered the stake, platform and express bodies.

STAKE BODY with CLOSED CAB

PANEL BODY

EXPRESS BODY with CLOSED CAB

THE STAKE BODY—The stake body of the new Ford truck is 5 feet, 8 inches wide and 8 feet, 1½ inches long.

The rack boards extend up 26 inches from the floor and are in nine sections, one at the front, two at the rear, and three on each side.

The platform of this body may be used with grain sides which are 20¼ inches high and built in four sections of ¾-inch hardwood, closely fitted and bolted to steel stakes, fitting securely in the platform body sockets and bolted to the floor. The ends are held with tie-rods. The rear end is equipped with a specially built dump door.

A cattle rack is also provided. It is built of the highest grade hardwood. Cross boards ¾-inch thick are securely bolted to heavy wooden stakes. Side and front racks are in one section. The rear end rack is in two sections. Height of rack, 4 feet.

THE PANEL BODY — The attractive panel body is constructed of a combination of wood-finished interior and metal exterior. Two folding seats give the driver easy access to the interior of the body. Loading dimensions are, approximately: width, 50 inches; height, 50 inches; length, 88 inches. Spare wheel and tire are carried over the right running board to the rear of the door of the cab.

THE EXPRESS BODY—Good appearance, generous loading space, and sturdy construction are features of the express body.

Inside dimensions of the body show a width of 4 feet and a length of 7 feet, 2 inches.

From the floor to the top of the sides is 12⅛ inches. There are sockets for stakes, racks, or side boards. The end gate is of steel and is equipped with heavy chains.

Amerikanisches Prospektblatt von 1928 für die Ein- und Anderthalb-Tonner Typ AA.

Pickup mit offenem Fahrerhaus auf Personenwagenbasis, also mit kurzem Radstand und ohne verstärkten Rahmen, kein Typ AA, sondern ein Model A.

Kleiner Lieferwagen auf Personenwagen-Fahrgestell. Die Angelsachsen sagen »Panel Body«, im deutschen Sprachraum setzte sich die Bezeichnung »Geschäftswagen« durch, aber erst in den 30er Jahren.

Lieferwagen mit integriertem Aufbau, das typische innerstädtische Zustellerfahrzeug.

Profilzeichnungen aus dem AA-Prospekt vom Juli 1930: Vom Stall zur Molkerei, von der Molkerei zur Bahn, von der Bahn zum Großhändler und von dort zum Milchladen um die Ecke. ←

Streit über die Bezeichnung »Deutsches Erzeugnis« zog sich bis Sommer 1935. Dann erfüllte Ford die Forderungen des Reichsverbandes der Automobilindustrie, wonach ein Auto als »deutsches Erzeugnis« gelte, wenn mindestens 95 Prozent seiner Teile in Deutschland gefertigt würden. Zum 1. Februar 1936 durften Ford-Fahrzeuge das Prädikat »Deutsches

Der integrierte Lieferwagen. Originaltext: »Durch die hervorragende Federung (...) vermeiden Sie bei Verwendung dieses erstklassigen Transportmittels sonst unvermeidliche Verluste.« Heute würde man das etwas anders ausdrücken. ←

Je deutscher Ford sein wollte, desto öfter fiel in Werbeschriften das Wort »deutsch« oder »Deutschland«. Die Deutschland-Karte von 1928 zeigt die Grenzen, wie sie zwischen 1920 und 1939 Gültigkeit hatten, also inklusive Pommern und Schlesien sowie im Osten die Enklave Ostpreußen, vom Reichsgebiet abgetrennt durch den Polnischen Korridor.

Bei Eis ging es damals weniger um süße Leckereien, sondern um Eis zur Kühlung. Erneut der O-Ton: »Eis erfordert schnellen Transport. In heißer Jahreszeit leistet der Ford-Lastwagen hierbei unermüdlich Tag und Nacht betriebssicher seinen Dienst.« ←

Erzeugnis« offiziell tragen, auch die Werksführung lag in deutschen Händen. Damit war der Übergang vom Montage- zum Produktionswerk vollzogen und Ford erhielt staatliche Aufträge.

...muss auch BB sagen

Im Juni 1932 erschien das Ford Modell B, der erste Ford mit Ganzstahlkarosserie, der 3,2-Liter-Seitenventil-Vierzylinder nun 50, die 2-Liter-Version 40 PS stark. Auf dieser Basis konstruierte Ford erneut einen Lastwagen, den Typ BB, der auf dem AA basierte, aber eine verbesserte Vorderachsaufhängung aufwies. Ford-Köln differenzierte zwischen dem BB Spezial mit 3340 mm Radstand und 1,75 Tonnen Nutzlast sowie den Typen BB Kurz (gleicher Radstand) und BB Lang (3990 mm Radstand), jeweils mit 2,25 Tonnen. Der Karosseriebauer Clerck in Wuppertal offerierte Chassisvariationen (Verlängerung oder Verkürzungen für Sattelschlepper oder Tiefrahmen für den Omnibusbau). Die in

Vierzylindriger Ford BB mit kurzem Fahrgestell (1,75-Tonner) als Zugwagen beim Fasching in Freiburg im Breisgau 1936.

Ein allseits in der Werbebranche beliebtes Motiv: Endlos rollen Neufahrzeuge aus der Fabrik. Prospektdeckblatt für den Ford BB 1,75- und 2-Tonner mit 50 PS starkem 3,2-Liter-Vierzylinder-Reihenmotor von 1937. Die einteilige Windschutzscheibe war das Merkmal deutscher Ford BB.

Von wegen Rente! Dieser Ford BB musste auch im Alter schwer schuften. Nachdem er den Krieg überlebt hatte, half er beim Wiederaufbau der Bundesrepublik.

Bausatzauto: Ford BB Spezial…

…und BB Kurz sowie BB Lang (im Bild), der Lange mit fast vier Metern Radstand, jeweils Jahrgang 1937.

Deutschland gebauten Lastwagen entsprachen den amerikanischen Vorbildern nahezu ohne Änderungen, während es beispielsweise in Frankreich sogar 5-Tonner-Versionen gab. Das Fahrerhaus wurde im bis 1939 dauernden Lebenszyklus des BB modifiziert: 1934 neuer Kühlergrill mit optischen Anleihen an die modernisierten Personenwagen, der Kühlergrill, grob gesagt, ansatzweise herzförmig, 1937 gerader statt geschwungener Scheinwerferquerträger. Eine wesentliche technische Verbesserung erfuhren alle Ford-Lastwagen, die Vier- und die Achtzylinder, zum Modelljahr 1938: Hatten sie zuvor mechanische Bremsen gehabt, teils mit Saugluft-Bremsverstärker, bekamen sie nun hydraulische Bremsen. Den Vierzylindermotor exportierte Köln auch nach England, weil die Briten seine Produktion zugunsten des kommenden V8 komplett eingestellt hatten, aber weiterhin Nachfrage bestand. Der Ford BB hatte ein langes Leben, überlebte den Krieg und

Der Ford 3,2-Liter-Vierzylindermotor mit 50 PS, 1928 für den Typ AA erschienen und bis 1953 nahezu unverändert im Einsatz, zuletzt im FK 2000.→

Weltweit produzierte Ford den Typ BB, und während des Krieges standen sich teilweise identische Ford BB auf gegnerischer Seite gegenüber. Aufnahme eines eingezogenen 1937er BB vor einem Vomag (Vogtländische Maschinenfabrik AG).

Ford BB als Sattelschlepper mit von Clerck verkürztem Chassis.

Man zeigt die Fabrik und ist stolz darauf. 1935 textete Ford: »Arbeiter des Kopfes und der Hand sind vereint tätig, um Fortschritt und Leistung zu konzentrieren...im Ford!«

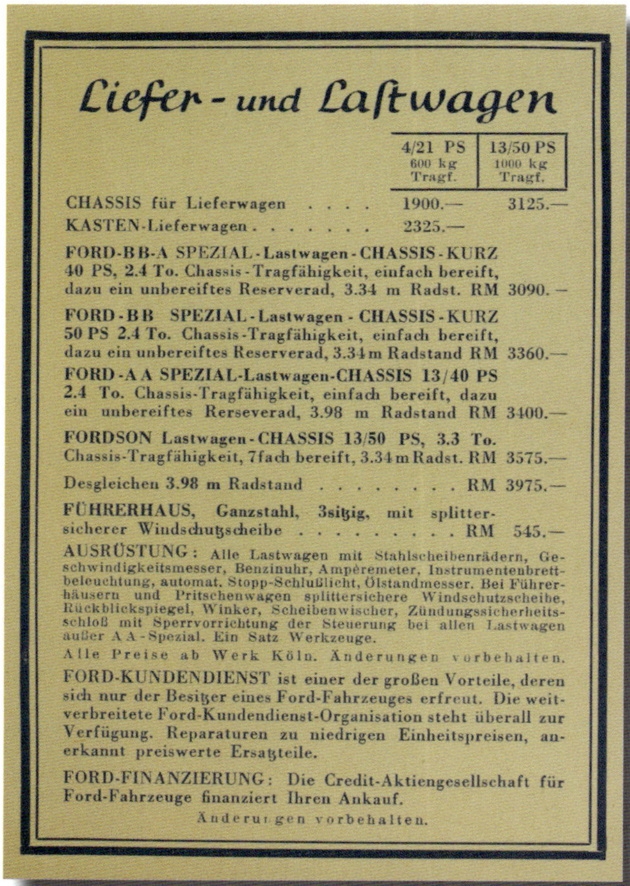

Liefer- und Lastwagen

	4/21 PS 600 kg Tragf.	13/50 PS 1000 kg Tragf.
CHASSIS für Lieferwagen	1900.—	3125.—
KASTEN-Lieferwagen	2325.—	

FORD-BB-A SPEZIAL-Lastwagen-CHASSIS-KURZ 40 PS, 2.4 To. Chassis-Tragfähigkeit, einfach bereift, dazu ein unbereiftes Reserverad, 3.34 m Radst. RM 3090.—

FORD-BB SPEZIAL-Lastwagen-CHASSIS-KURZ 50 PS 2.4 To. Chassis-Tragfähigkeit, einfach bereift, dazu ein unbereiftes Reserverad, 3.34 m Radstand RM 3360.—

FORD-AA SPEZIAL-Lastwagen-CHASSIS 13/40 PS 2.4 To. Chassis-Tragfähigkeit, einfach bereift, dazu ein unbereiftes Rerseverad, 3.98 m Radstand RM 3400.—

FORDSON Lastwagen-CHASSIS 13/50 PS, 3.3 To. Chassis-Tragfähigkeit, 7fach bereift, 3.34 m Radst. RM 3575.—

Desgleichen 3.98 m Radstand . . . . RM 3975.—

FÜHRERHAUS, Ganzstahl, 3sitzig, mit splittersicherer Windschutzscheibe . . . . RM 545.—

AUSRÜSTUNG: Alle Lastwagen mit Stahlscheibenrädern, Geschwindigkeitsmesser, Benzinuhr, Ampèremeter, Instrumentenbrettbeleuchtung, automat. Stopp-Schlußlicht, Ölstandmesser. Bei Führerhäusern und Pritschenwagen splittersichere Windschutzscheibe, Rückblickspiegel, Winker, Scheibenwischer, Zündungssicherheitsschloß mit Sperrvorrichtung der Steuerung bei allen Lastwagen außer AA-Spezial. Ein Satz Werkzeuge.

Alle Preise ab Werk Köln. Änderungen vorbehalten.

FORD-KUNDENDIENST ist einer der großen Vorteile, deren sich nur der Besitzer eines Ford-Fahrzeuges erfreut. Die weitverbreitete Ford-Kundendienst-Organisation steht überall zur Verfügung. Reparaturen zu niedrigen Einheitspreisen, anerkannt preiswerte Ersatzteile.

FORD-FINANZIERUNG: Die Credit-Aktiengesellschaft für Ford-Fahrzeuge finanziert Ihren Ankauf.

Änderungen vorbehalten.

Preisliste für den BB von 1932...

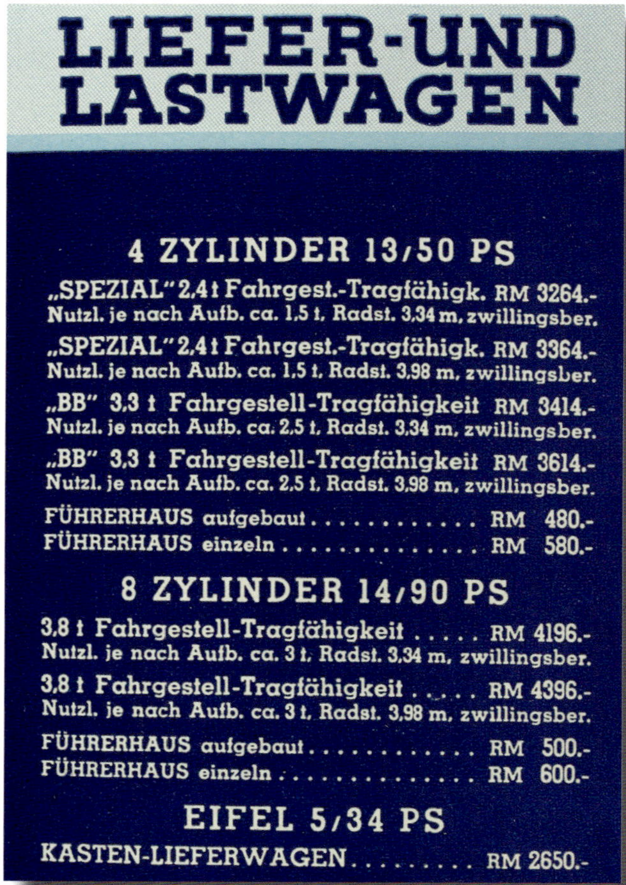

LIEFER-UND LASTWAGEN

4 ZYLINDER 13/50 PS

„SPEZIAL" 2,4 t Fahrgest.-Tragfähigk. RM 3264.-
Nutzl. je nach Aufb. ca. 1,5 t, Radst. 3,34 m, zwillingsber.

„SPEZIAL" 2,4 t Fahrgest.-Tragfähigk. RM 3364.-
Nutzl. je nach Aufb. ca. 1,5 t, Radst. 3,98 m, zwillingsber.

„BB" 3,3 t Fahrgestell-Tragfähigkeit RM 3414.-
Nutzl. je nach Aufb. ca. 2,5 t, Radst. 3,34 m, zwillingsber.

„BB" 3,3 t Fahrgestell-Tragfähigkeit RM 3614.-
Nutzl. je nach Aufb. ca. 2,5 t, Radst. 3,98 m, zwillingsber.

FÜHRERHAUS aufgebaut . . . . RM 480.-
FÜHRERHAUS einzeln . . . . RM 580.-

8 ZYLINDER 14/90 PS

3,8 t Fahrgestell-Tragfähigkeit . . . . . RM 4196.-
Nutzl. je nach Aufb. ca. 3 t, Radst. 3,34 m, zwillingsber.

3,8 t Fahrgestell-Tragfähigkeit . . . . . RM 4396.-
Nutzl. je nach Aufb. ca. 3 t, Radst. 3,98 m, zwillingsber.

FÜHRERHAUS aufgebaut . . . . RM 500.-
FÜHRERHAUS einzeln . . . . RM 600.-

EIFEL 5/34 PS

KASTEN-LIEFERWAGEN . . . . RM 2650.-

...und 1938, nunmehr inklusive des V8-Lastwagens.

erlebte das Wirtschaftswunder - zuletzt unter dem Namen FK 3000 BB bis 1955. Der Ford BB war ausschließlich ein Vierzylinder-Lastwagen, seine V8-Version hieß Typ 51.

Acht Töpfe: der Ford V8 Typ 51

1932 brachte Ford in den USA einen 90°-V8-Motor, der auch im deutschen Modell B und seinen Nachfolgern bis Kriegsausbruch Verwendung finden sollte, und auch ab 1937 in den Lastwagen als V8 Typ 51 - und zwar bis 1961, als Ford den Lastwagenbau aufgab. In den USA wurde der »Flathead-V8« in mehreren Ausbaustufen bis 1953 gefertigt, in Europa weit länger. Als Pkw-Motor trugen ihn bis Anfang der 60er Jahre der französische Ford Vedette und sein Nachfolger Simca Vedette, der in Brasilien bis 1969 gefertigt wurde – mit eben diesem Motor. Der »Flathead-V8« war also 37 Jahre alt, als er abtrat. Und er war die letzte technische Konstruktion, die Firmengründer Henry Ford selbst schuf. Der Ford-V8, entwickelt aus zwei Vierzylinder-Blöcken, war insofern eine Besonderheit, als er erstmals in einem Stück gegossen, und mit einer gegossenen statt der damals üblichen geschmiedeten Kurbelwelle versehen war. Während alle anderen Auslandsniederlassungen den V8-Motor aus Dearborn bezogen, war Köln ab 1935 die einzige Filiale, die den Motor selbst baute (weil eben so wichtig war, dass möglichst wenige Teile importiert wurden). Weiterhin im Programm blieb der 3,2-Liter-Vierzylinder. Ford-BB-Lastwagen und die V8-Typen genossen einen guten Ruf, ab 1936 durften auch staatliche Stellen sie bestellen - somit auch das Militär. 1934 betrug ihr Marktanteil 11, 1935 bereits 14 und 1938 satte 50 Prozent in der Dreitonner-Klasse. Der Ford war dem Opel Blitz damals zahlenmäßig weit überlegen. Der V8 Typ 51 agierte wie sein vierzylindriger Bruder in der 3-Tonnen-Klasse und basierte auf demselben Rahmen mit beiden

In seinem Element: Ford V8 Typ 51, gebaut zwischen 1937 und 1939, also Vorkriegs-Zivilproduktion. Man beachte den Hakenkreuz-Wimpel in der Fahrerkabine und das Emblem im Grill, das für den Deutschen Auto-Rechtsschutz wirbt. Der DAS ab 1928 war der erste Rechtsschutzversicherer Deutschlands.

32-sitziger Reisebus auf Basis Ford V8 Typ 51 mit Karosserie von Peter Bauer in Köln. Typisch war damals, den Aufbau vom Motorbereich durch ein Lederband abzutrennen, um Vibrationen zu minimieren.

Fünf Ford V8 Typ 51 Omnibusse in Wehrmachtsdiensten machen Rast an einer Tankstelle an der neuen Reichsautobahn. Was heute »Tank & Rast« heißt, war damals die »Reichsautobahn-Kraftstoff GmbH« mit Verkaufsmonopol. Der Sprit wurde markenfrei als Reichsautobahnbenzin und als Reichsautobahngemisch (für Zweitakter) angeboten.

Der Ford-V8-Motor mit 3,6 Litern und 90 PS, 1937 eingeführt, ab 1941 auf 3,9 Liter aufgebohrt und 95 PS stark, ab 1953 sogar 100 PS und in Produktion bis zum Ende der Ford-Lastwagen-Ära 1961.

Radständen (3340 und 3990 mm). Vom USA-Original unterschied sich der deutsche V8 Typ 51 (ebenso wie der BB) nur durch die Gestaltung des Fahrerhauses mit einteiliger Windschutzscheibe.

Zwar besaß Ford-England nach wie vor die Aktienmehrheit von Ford-Köln, aber aufgrund der politischen Großwetterlage nach 1933 durften sich weder die Engländer noch die Amerikaner ins Deutschland-Geschäft einmischen. Das bedeutete, die nationalsozialistische Staatsführung sah Ford als deutsche Marke an, was Köln die Möglichkeit eröffnete, sich am Militärlastwagengeschäft zu beteiligen. Opel war hierin bereits gut aufgestellt und

Ford „»Barrel Nose«, also »Fassnase« mit hinter dem Fahrerhaus montiertem Holzgas-Generator. Werksaufnahme vom März 1941.

baute in Brandenburg an der Havel in einem neu errichteten Werk den 3-Tonner-Blitz für die Wehrmacht.

Zuvor, als nach der Machtübernahme der Nationalsozialisten die Reichswehr zur Wehrmacht aufgerüstet wurde, war Ford außen vor geblieben – zu undeutsch waren die Produkte, als dass Ford an den Plänen des Heereswaffenamtes beteiligt gewesen wäre, die zu einheitlichen, militärischen Fahrzeugtypen führen sollten. Zum Zuge kam Ford hingegen bei den 3-Tonnern, denen größte Bedeutung zukam, denn sie waren gleichsam für das Militär wie für die Kriegswirtschaft von Nutzen. Mit rund 100.000 Exemplaren war der Opel Blitz der wichtigste und am meisten verbreitete Wehrmachts-Lastwagen, und ihn gab es sowohl als S- (= Standard-) wie als A- (= Allrad-) Typ, vom Ford gab es keine Allradversion.

Die Wehrmacht bestellt fleißig: der Ford mit der »Barrel Nose«

1936 wurde Ford erstmals vom Militär beauftragt, denn die amerikanischen Ford-Lastwagen genossen den Ruf unbedingter Robustheit. Zunächst 1500 wurden bestellt und kamen in Teilen an den Rhein, wo sie montiert wurden. Das war aber kein belastbarer Zustand für die Wehrmacht. Ford sollte und musste deutsche Lastwagen liefern. Und so entstand der Wille des Werkes, die Produktionskapazitäten auszuweiten und nun auch die Lastwagen-Fahrerhäuser in Deutschland zu fertigen. Dazu gründete der Karosseriespezialist Gustav Drauz aus Heilbronn, mit Ford im Pkw- und Nutzfahrzeugbereich eng verwoben und in der Nachkriegszeit der Lieferant für die Karosserien des Ford FK 1000 Transporters, eine Kölner Niederlassung. 1937 konstruierte Ford für das Heer eine geländegängige Variante (aber nicht allradgetrieben).

Ein halbes Jahr vor Kriegsausbruch, im März 1939, lag der so genannte Schell-Plan vor, eine Verordnung zur Produktionsneuordnung und Typenbeschränkung aus Rationalisierungsgründen, benannt nach Oberst Adolf von Schell. Er verbot Ford die großen Personenwagen, erlaubte dafür einen zusätzlichen Lastwagen in der 1,5-Tonnen-Klasse (der nicht gebaut wurde, da in dieser militärisch nicht allzu wichtigen Tonnageklasse der »kleine« Opel Blitz 1,5-Tonner völlig ausreichte und das Heer dafür ohnehin den Schweren Einheits-Pkw zur Verfügung hatte). Laut Schell-Plan blieb der friedensmäßige Ford V8 in Produktion. Ab Kriegsausbruch musste Ford die PKW-Fertigung radikal reduzieren und den LKW-Bau hochfahren – und sich darüber hinaus am Bau des Schweren Einheits-PKW beteiligen.

1938 erschien in den USA der Ford »Barrel Nose«, 1939 löste er weltweit den Ford BB und V8 51 ab. Seinen Spitznamen, zu deutsch »Fass-Nase«, bekam er aufgrund seines oval geformten Kühlergrills, stilistisch mit dem Grill des zeitgleichen

Szene im besetzten Frankreich 1942 mit ungewöhnlichen Barrel-Nose-Ford: der vordere mit sehr spezieller Pritsche, wohl made in France, der mittlere mit einem integrierten Kofferaufbau, nur der rechte ist ein serienmäßiger Pritschenwagen. Die Sektflasche wächst mitnichten dem Mittleren aus dem Dach. Offenbar ist in dem französischen Ort eine Sektkellerei, und die Flasche ist ein Werbeträger im Hintergrund.

US-Ford-Personenwagens korrespondierend. Wieder gab es kleine Unterschiede in der Fahrerhausgestaltung, erneut die einteilige Windschutzscheibe als deutsche Besonderheit, aber auch den Grill mit nur einem vertikalen Steg. Das amerikanische Pendant trug einen vertikalen Doppelsteg in Kühlergrillmitte. Ford bewarb ihn 1940: »Mit dem Eiswinter Alaskas, mit der Tropenschwüle Sumatras, mit den steilen Hängen der Kordilleren und mit der dörrenden, staubigen Hitze Afrikas sind Ford-Lastwagen fertig geworden. Bei uns haben sie sich in dem gewaltigsten Arbeitseinsatz, zu dem je ein Volk sich erhob, in Frieden und Krieg bewährt.«

Ab 1939 wurde auch die Wehrmachts-Version gebaut, der G 987 T mit 3,6 Liter-V8, ab 1941 der optisch gleiche G 997 T nunmehr mit 3,9 Litern und zusätzlich der vierzylindrige Typ BB als G 987 T. Bei MAVAG in Ungarn wurden sogar 4x4-Versionen

Schon nach Kriegsausbruch erschien dieser Verkaufsprospekt, Drucklegung Februar 1940. Aber damals meinte ohnehin jeder Deutsche, an Weihnachten sei der Krieg vorüber. Und zwar siegreich!

mit französischem Marmon-Herrington-Allradantrieb für die ungarische und die dänische Armee gefertigt. Speziell für die Wehrmacht wurden offene Fahrerhäuser gebaut, und es gab zwei Formen der Vorderkotflügel, gewölbt und flach. Auf Basis des vierzylindrigen BB entstanden auch Sanitätswagen mit Kofferaufbau von Miesen in Bonn, achtsitzige Armee-Kleinbusse mit Aufbau von Kässbohrer (Ulm) und Harmening (Bückeburg), auf von Clerck gefertigtem Tiefrahmenchassis wurden auch 25-sitzige Armeebusse gebaut, die meisten mit Imbert-Holzgasanlage.

Je weiter der Krieg voranschritt, desto mehr Lastwagen forderte die Wehrmacht, und Ford lieferte, V8-Lastwagen für das Heer und vierzylindrige BB-Typen für die Kriegswirtschaft. Dem »Wunsch« nach dem Bau von Panzern und Panzerspähwagen konnte sich Ford widersetzen. Nachdem das Deutsche Reich weite Teile der westlich gelegenen Nachbarländer besetzt hatte, in denen sich auch

Szene aus dem Ost-Berlin der frühen Nachkriegszeit mit einem AWZ P70 Kombi im Vordergrund, ihm folgt ein Phänomen Pritschenwagen, rechts entschwindet ein EMW. Spannend ist der Laster mit dem ovalen Grill, ein Barrel-Nose-Ford. Er trägt ein Einheitsfahrerhaus aus Sperrholz.

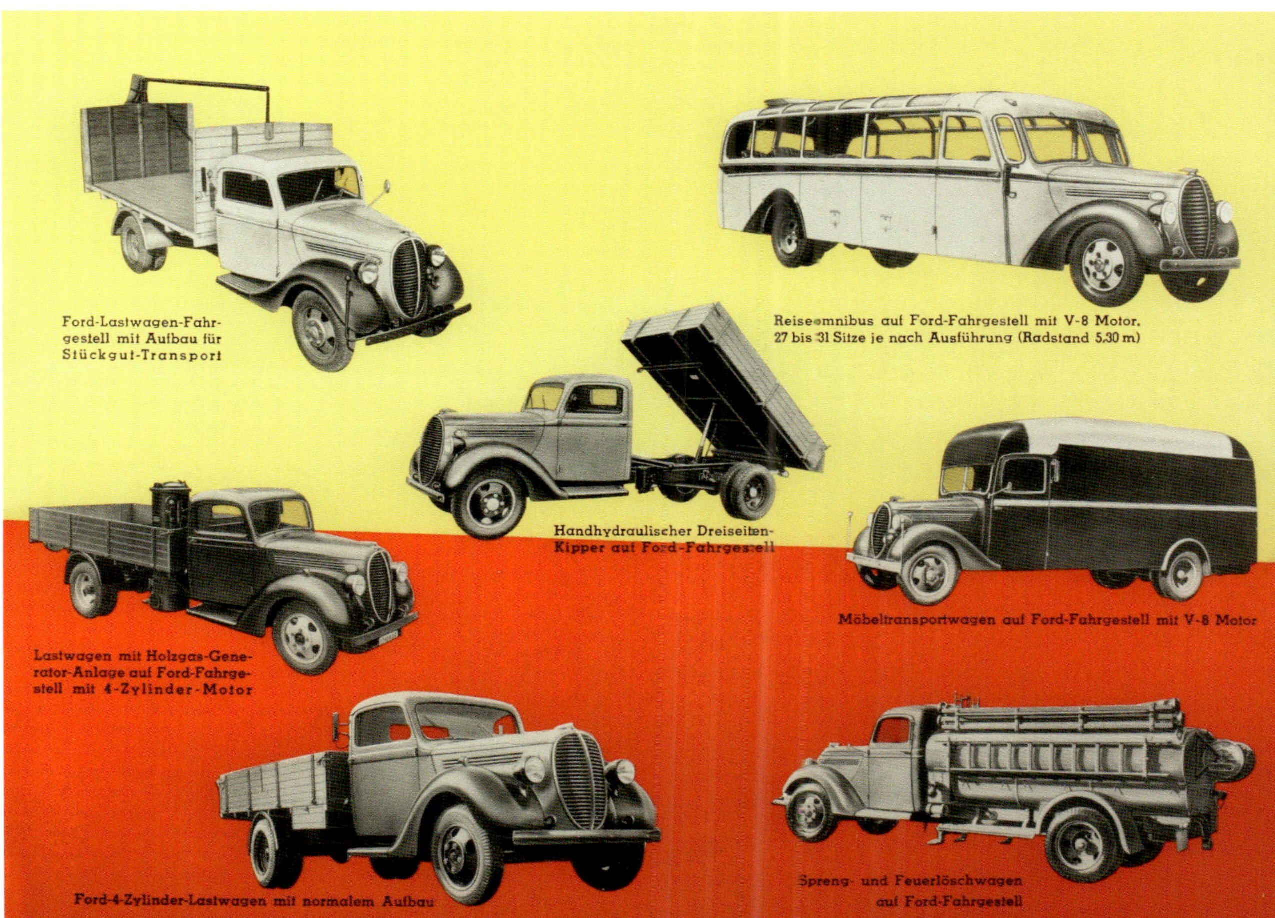

Breites Produktionsprogramm von 1940, und wenn der Pritschenwagen keinen Holzkocher mit sich führte, könnte man meinen, das sei ein reines Friedensprogramm.

Er kehrte aus dem Feld zurück, er hat den Krieg überlebt und trägt ein Westberliner Nachkriegskennzeichen. Dabei ist dieser Barrel Nose ein Hybrid, nicht einfach zuzuordnen: Zwar ein Grill mit einzelnem Vertikalsteg, somit deutsche Produktion, aber eine geteilte Windschutzscheibe, also Auslandsproduktion. Vielleicht wurde er in früher Nachkriegszeit aus zwei Fahrzeugen zusammengesetzt.

Ford-Fabriken befanden (Belgien, Niederlande, Frankreich), sowie die Länder Dänemark und Rumänien, ebenfalls mit Ford-Fabriken, unterstanden diese fortan treuhänderisch Ford-Köln und bauten ebenfalls Lastwagen für die Wehrmacht. Die Produktion des Barrel-Nose-Dreitonners wurde 1942 eingestellt.

Letzte Ausbaustufe des Wehrmachts-Ford: der Ford V 3000 S

Ab 1942 war nur noch die Lastwagen-Entwicklung gestattet, an Personenwagen durfte in Köln-Niehl nicht mal mehr gedacht werden. Neu erschienen die während des Krieges entwickelten Typen, die unter den Namen Rhein und Ruhr auch in der Nachkriegszeit weiter gebaut werden sollten. Der Rhein als V8, der Ruhr trug den alten, schon aus dem A-Modell stammenden Vierzylindermotor. Die Fahrerhäuser basierten optisch auf den 1940 erneuerten US-Typen 018 T/098 T. Die militärische Ausführung des V8 hieß V 3000 S, anfangs mit Ganzstahlfahrerhaus, später mit eckigem Einheitsfahrerhaus aus Holz, für das Heer in recht großer Stückzahl beschafft (24.110 Exemplare). Der Ford-V8-Vergasermotor hatte bis 1941 3613 cm³ und leistete 90 PS (Ford G 917 T), danach im V 3000 S 3924 cm³ mit 95 PS (Ford G 997 T bis 1942 und Ford G 918 TS bis 1945), ab 1941 Fünfgang-Getriebe. Auch das Fahrwerk war unterschiedlich, der Barrel Nose hatte noch eine vordere Querblattfeder, der V 3000 S hingegen zwei Längsblattfedern. Und größer wurde er auch: Radstand 4013 statt 3988 mm, vordere Spur 1650 statt 1475 mm, Gesamtlänge 6385 statt 6220 mm. Außerdem war er mit 2540 Kilo um 160 Kilo leichter und hatte mit 3300 Kilo eine um 300 Kilo erhöhte Nutzlast. Die Pritschen des V 3000 S kamen allesamt vom Karosseriebauer Westfalia in Wiedenbrück.

Das optische Erkennungsmerkmal dieser Fahrerhausgeneration war die in Habichtschnabel-Manier herabgezogene Motorhaube, die dem Wagen einen imposanten Eindruck verlieh. Wie beim Vorgänger

Auslieferungsbereiter Wehrmachts-Lastwagen, Ford V 3000 S mit kleinen Kriegsscheinwerfern, vereinfachten Vorderkotflügeln, hinten keine Kotflügel, einfache Pritsche, aber immerhin noch das Ganzstahl-Fahrerhaus.

Etwas spätere Version, nunmehr mit den zusätzlichen Kühlluftschlitzen in der Motorhaube, des vergrößerten Kühlers wegen.

unterschied sich die deutsche Fahrerhausversion von der US-amerikanischen durch die einteilige Windschutzscheibe. Späte Versionen des Ford trugen vorne vereinfachte und hinten keine Kotflügel zur Materialeinsparung, kleinere Scheinwerfer (da man ohnehin »verdunkelt« durch die Nacht fuhr zum Schutz vor Fliegerangriffen) und Einheitsfahrerhäuser sowie Pritschen aus Sperrholz. Außerdem sind späte Modelle an zusätzlichen Lüftungsschlitzen an der Vorderseite der Motorhaube zu erkennen, quasi eine Verlängerung des Kühlergrills in die Haube, und an zwei Luftklappen auf der Haube. Grund dafür ist ein vergrößerter Kühler.

Weiterhin gab es auch eine militärische Vierzylinderversion, den B 3000 S mit 52 PS aus 3,2 Litern, nur in der Etappe eingesetzt; er wurde als »nicht fronttauglich« eingestuft. In geringer Zahl baute Ford einen 3-Tonner mit Allradantrieb als Frontlenker (Fahrerhaus vom amerikanischen Ford COE 1939/40), den Typ V 3000 A (intern: G 198 TWA) in nur 758 Exemplaren (den wir leider nicht im Bild zeigen können). Das war die einzige 4x4-Version für das Deutsche Reich, während im Ausland durchaus Ford-Lastwagen in nennenswerten Stückzahlen mit zugekauften Allradsystemen ausgerüstet wurden.

Die Entwicklung des V 3000 S ging, wie üblich,

Das Rückgrat des V 3000 S, Fahrgestell, Technik und Vorbau bis Spritzwand. Frühes Fahrzeug, noch mit geschwungenen Kotflügeln.

Die definitive Version, das Sperrholzauto: V 3000 S mit Holzfahrerhaus, kurioserweise aber die geschwungenen Kotflügel. Man nahm ganz einfach, was verfügbar war.

auf die USA zurück und die Achsenmächte fertigten den Lastwagen fast baugleich - wie auch schon die Generationen zuvor. Das brachte die fast schon kuriose Situation mit sich, dass sich im Krieg baugleiche Ford-Lastwagen auf verschiedener Seite gegenüberstanden und gegenseitig bekämpften - eine ziemlich einmalige Angelegenheit und fast schon ein Treppenwitz der Automobilgeschichte.

Mit Gleiskettenlaufwerk: das Maultier

Als Erkenntnis aus dem Russland-Feldzug forderte die Wehrmacht das »Maultier«. Unter diesem Projektnamen wurde ein 3-Tonner-Lastwagen mit hinterem Gleiskettenlaufwerk entwickelt (ohne angetriebene Vorderachse), gemeinsam von den Firmen Daimler-Benz, Klöckner-Humboldt-Deutz (Magirus), Ford und Opel. Letztlich eine einfache

Das Maultier, ein V 3000 S mit hinterem Gleiskettenlaufwerk. Dieser Wagen trägt das Ganzstahlfahrerhaus, noch die aufwändig gepressten, geschwungenen Kotflügel und Serienscheinwerfer. Er ist nicht wehrmachtsgrau lackiert, sondern ein Vorführfahrzeug des Werkes.

Waidwund: Maultier mit Sanitätskoffer, ebenfalls das Ganzstahlfahrerhaus, aber bereits die vereinfachten Vorderkotflügel.

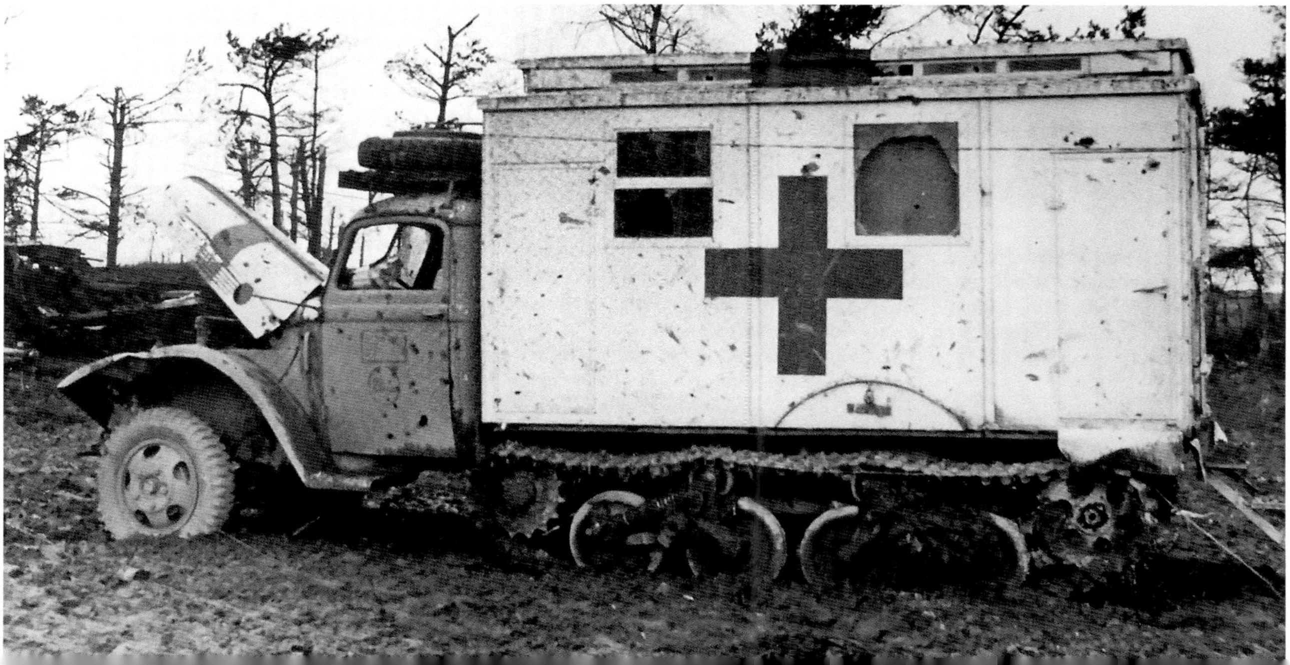

Konstruktion: Die Hinterachse des Serienlastwagens, also des V 3000 S, wurde durch ein Kettenlaufwerk ersetzt, ein Transportmittel für die Fronttruppen in Russland während der Schlammperiode. Die meisten Maultier-Wagen baute Ford (14.000, zum Großteil aus den französischen und niederländischen Ford-Werken kommend), Opel erstellte 4000, Magirus 2500 und Daimler-Benz nur 1500. Ford fertigte die V 3000 S am Fließband und lieferte sie ohne Hinterachse an die Moorburger Trekker-Werke in Moorburg und Hamburg-Harburg, wo das Kettenlaufwerk eingebaut wurde. Theoretisch war das Kettenlaufwerk eine gute Sache, praktisch nicht, weil zu schnell entwickelt und nicht ausgereift - was ein Problem und Phänomen während jeder heißen Kriegsphase ist. Die Kraftübertragung war anfällig, weil sie in Kurvenfahrten zu sehr beansprucht wurde. Weite Kurven bewältigte ein Maultier per Lenkradeinschlag der Vorderräder, enge nicht. Da musste, ähnlich wie beim Manövrieren eines Panzers, das kurveninnere Laufwerk langsamer als das kurvenäußere rotieren, und das regelte der Fahrer mit einem jeweiligen Handbremshebel per Seilzug. Was sich einfach anhört, war technisch kompliziert, und die Dauerhaftigkeit war genauso lang wie die Lebenserwartung des schwächsten Gliedes, wohl der Seilzüge.

Solch ein schön gestalteter Werbeprospekt, auch noch mit Farbdruck, und das mitten im Krieg! Drucklegung März 1941, und als Herausgeber fungierten gleichberechtigt die Ford-Werke und Imbert. Auf dem Titelbild zwei generatorbetriebene Ford V8, ein Pritschenwagen und ein Deiters-Bus.

Ford G 918 TG von 1941/42 als Omnibus mit Harmening-Karosserie und heckseitig mittig angebrachtem und elegant verkleidetem Holzgas-Generator.

Dieser Barrel-Nose-Lastwagen symbolisiert das ganze Elend der Zeit: Er ist noch recht jung, sieht aber aus, als sei er jahrzehntelang im Einsatz gewesen. Es ist kein Holzgaser, sondern ein vor Buthenut auf Dampfbetrieb umgebauter Ford. Die Pritsche beherbergt Ladegut und den Dampferzeuger. Als Speisewasserbehälter dient der Tank unter der Vorderstoßstange, darüber vor dem Kühlergrill der Kondensator, und der Benzinmotor ist auf Dampfbetrieb umgebaut.

Holz statt Benzin: der Holzgas-Generator

Die deutsche Automobilindustrie musste, um dem vorherrschenden Treibstoffmangel während des Krieges zu begegnen, ihre Fahrzeuge mit Holzgas-Generatoren ausrüsten. Holzgas wurde als »heimischer Kraftstoff« bezeichnet. Der amtliche »Generator-Stab« wurde vom österreichischen Motorenfachmann Paul Liszt geleitet. Ab September 1942 galt für Lastwagen die Pflichtumstellung auf Generatorbetrieb. In der ersten Hälfte der 30er Jahre hatte Ford-Generaldirektor Edmund C. Heine erste Verbindungen zum Lothringer Georg Imbert geknüpft, der 1922 den ersten Holz-Generator in ein Auto einbaute, Spezialist in diesem Bereich war und etliche Patente innehatte.

Die Imbert-Werke errichteten 1940 direkt neben dem Ford-Werk in Köln-Niehl ein Zweigwerk und bauten dort ab Juli 1941 Holzgas-Generatoren am Fließband – speziell für den Einsatz an Ford-Lastwagen. Das waren hauptsächlich Blockanlagen, das heißt, dass alle Teile zu einer Einheit zusammengefasst wurden, die hinter dem Fahrerhaus Platz fand. Die Pritsche musste also über die ganze Breite verkürzt werden. Beim Omnibus war die günstigste Einbaulage zentral im Heck. Bei werksseitig mit Holzgas-Generatoren ausgerüsteten Fahrzeugen wurde bereits am Fließband die Verdichtung des

Im Neuzustand: Auffällig lackiertes Promotionsfahrzeug mit Imbert-Holzgaser und Meiller-Kipper, gefertigt als Ausstellungsstück für die Wiener Herbstmesse 1941.

Motors erhöht (beim Vierzylinder-Ford von 4,6:1 auf 7:1) und die Hinterachsübersetzung angepasst. Ford-Motoren waren wegen ihrer stehenden Ventile und der niedrigen Verdichtung offenbar besonders gut für den Holzgasbetrieb geeignet.

Imbert war der größte und wichtigste Holzgas-Generator-Hersteller; dessen Produkte erwiesen sich als alltagstauglich und waren während des Krieges weit über Deutschlands Grenzen hinaus verbreitet, eben in allen von Deutschland besetzten Ländern – wo sie auch produziert wurden. Erik Eckermann, Autor des wohl einzigen deutschsprachigen Holzgas-Generator-Fachbuchs »Fahren mit Holz«, spricht von der »Imbertisierung Europas«.

Holzscheite verschwelen, was ein CO-Methan-Gas erzeugt, welches in einem Automotor eine ähnliche Wirkungsweise wie Benzin hat. Sehr interessant in Zeiten, in denen importierte, fossile Rohstoffe zunehmend knapper werden, weil die Regierung nach Autarkie strebt oder weil durch politische Konstellationen weniger Ölimporte möglich sind. Holz war damals im Deutschen Reich billig und verfügbar. Fortan rüstete Imbert in Köln Ford-Lastwagen mit Holzgas-Generatoren aus. Diese Art des Antriebs war nichts als eine Verlegenheitslösung, laut dem Automobilhistoriker Werner Oswald verursachten sie »scheußlich viel Ärger und Dreck, Verdruß und Ruß«. Sein Fazit: »Kein Mensch schleppte den Holzkocher auch nur einen Tag länger an seinem Auto herum, als es unbedingt sein musste.« Die Wehrmacht hatte ab 1943 rund 60.000 Lastwagen mit Holzgas-Generatoren, eingesetzt eher in der Etappe. Die Kampftruppen blieben davon (weitgehend) verschont.

Ein Holzgas-Generator sieht ähnlich aus wie ein alter, mit Holz oder Kohle betriebener Badezimmerofen. Darin werden luftgetrocknete, ungefähr faustgroße Holzscheite bei niedriger Temperatur und mit wenig Sauerstoff verbrannt (also verschwelt). Dabei entsteht Kohlenstoffmonoxid, hoch giftig. Über Filter, Kühler und Gasluftmischer wird dieses Gas vom Motor angesaugt und dort mit einer Zündkerze gezündet. Der Umgang damit ist kompliziert, vor allem das Anlassen mittels Anfachgebläse. Effizient war der Holzgas-Generator auch nicht. Ein Ford 3-Tonner benötigte auf 100 km rund 100 Kilo Buchenholz plus 50 Kilo Anthrazit (was natürlich mitgeführt werden musste und sowohl Nutzlast als auch Transportkapazität kostete). Imbert sprach von einer Leistungseinbuße von circa 20 Prozent gegenüber dem Benzinbetrieb. In Wirklichkeit dürfte die Einbuße wesentlich höher gelegen haben. Mit anderen Worten: Der Wirkungsgrad war gegenüber dem Benzinantrieb sehr gering.

Während der frühen Nachkriegsphase mit Benzinrationierungen waren Holzgas-Generationen weiterhin gefragt und wurden auch noch produziert. Nach der Währungsreform im Juni 1948 gab es wieder alles, aber Kraftstoff blieb bis Januar 1950 bewirtschaftet. Sobald wieder Benzin zur Verfügung stand, gab es für Holzgas-Generatoren-Technik keinen Bedarf mehr. Nur noch Nischenbranchen setzten darauf, so beispielsweise Sägewerke oder Holzwarenfabriken, für die Holz ein kostenloses Abfallprodukt war. Imbert schloss 1952 seine Pforten. Die Werksgebäude sind heute Bestandteil der Ford-Werke. Ende der 80er Jahre restaurierten Auszubildende bei Ford einen V8 Typ 51 mit Imbert-Generator, der heute im Deutschen Museum in München steht.

Die Ford-Werke liefen, als kriegswichtiger Betrieb eingestuft, auf Hochtouren und kamen den Bestellungen nach Lastwagen kaum nach. Fremdarbeiter aus den besetzten Gebieten und Kriegsgefangene kompensierten den Fachkräftemangel. Die Werksführung bemühte sich, diese Menschen gut zu behandeln, weswegen es nach Kriegsende auch nicht zu Plünderungen durch sie kam. Das Ford-Werk wurde von alliierten Bombern und Bomben verschont (bis auf einige verirrte Brandbomben, die auf die Stadt Köln gerichtet waren). Sowohl die Amerikaner als auch die Engländer hatten ein großes Interesse. Schließlich war es »ihr« Werk, das sie nicht zerstören wollten.

Der V 3000 S wurde bis zum Einmarsch der Amerikaner am 28. Februar 1945 in Köln gebaut. Und dann ging es nahezu nahtlos am 4. Mai 1945 mit der Friedensproduktion weiter. Außer den Typenbezeichnungen und der Lackierung änderte sich an den Lastwagen nichts - nicht mal das Design des Fahrerhauses.

Keine Ford-Konstruktion, aber bei Ford gebaut: der Schwere Einheits-Pkw

Ford baute ab 1940 keine Zivil-Pkw mehr, also keinen Taunus und keinen V8, sondern nur noch V 3000-Lastwagen, hauptsächlich als V8, aber auch mit Vierzylindermotor. Das Werk war restlos ausgelastet. Dann kam der Befehl, auch den Schweren Einheits-Pkw zu bauen, eine Konstruktion des Heereswaffenamtes, die von unterschiedlichen deutschen Firmen gebaut wurde. Es gab einen leichten, mittleren und schweren Einheits-Pkw, den schweren bauten Horch und Ford mit jeweils eigenem V8-Motor. Ford lieferte 1901 Exemplare bis 1941. Sie kamen aus Kapazitätsgründen aber nicht aus dem Werk in Köln-Niehl. Ford richtete dafür extra eine Montagestraße bei Ambi-Budd in Berlin-Johannisthal ein. Das war jener Karosseriebauspezialist, der das amerikanische Budd-Patent der Ganzstahlkarosserie in Deutschland hielt und der Hauptlieferant für Ford-Karosserien (Personen- und Lastwagen) war.

Der Einheits-Pkw war zwar keine ausgegorene Konstruktion, aber alle ausführenden Firmen waren froh über die Aufträge. Sie mussten zwar tun, was die Wehrmacht befahl, also eine ihrer Ansicht nach unvollendete Konstruktion bauen, und konnten sich dadurch nicht mit Ruhm bekleckern. Aber so unangenehm, wie man denken mag, war das Ganze auch nicht. Denn das Heeresgeschäft war lukrativ: Die Konstruktion wurde vom Heereswaffenamt frei Haus geliefert, die Herstellungskosten zahlte der Staat, Absatzsorgen gab es nicht und bei jeglicher Kritik, die es von allen Seiten hagelte, konnten sich die Autoproduzenten hinter dem Heereswaffenamt verstecken. Außerdem garantierten die Militäraufträge in Zeiten miserabler Rohstoffversorgung Materialzuweisungen, was schlichtweg die Produktion aufrecht erhielt und die Arbeiter in der Heimat unentbehrlich machte. Wer an der Kriegsgüterproduktion beteiligt war, musste nicht in den Krieg ziehen. Also kein Grund zum Jammern.

Summa summarum fertigten die Ford-Werke für den Krieg also drei Fahrzeugtypen: den V 3000 S als 3-Tonner-Lastwagen, auf seiner Basis den Ford Maultier mit Gleiskettenantrieb sowie den Schweren Einheits-Pkw.

Der Schwere Einheits-Pkw, bei Ford intern die Typen EGa, EGb und EGd, 1939/40 gebaut. Im Bild die frühe Ausführung von 1939 mit Allradlenkung und beidseitigem Reserverad in Wagenmitte, drehbar als Fahrzeugstütze.

Dank ostdeutschen Improvisationstalentes hatten einige der Schweren Einheits-Pkw noch ein langes aber auch hartes Leben in der Nachkriegszeit. (Foto: Neubert, Smlg. R. Weinreich)

Ford-Lastwagen-Montage/Produktion nach Jahren

Jahr	Stück	Jahr	Stück
1926	1500	**1936**	7763
1927	1617	**1937**	9681
1928	1269	**1938**	12.074
1929	3214	**1939**	17.145
1930	3309	**1940**	12.723
1931	916	**1941**	15.361
1932	662	**1942**	14.591
1933	1161	**1943**	17.472
1934	2097	**1944**	13.015
1935	4210		

Zivile Lastwagen, deutsche Montage/Produktion nach Typen

Typ	Baujahre	Stückzahl
AA	1931-1932	1452
BB	1932-1939	26.892
V8 Typ 51	1939-1942	19.159
Barrel Nose	1939-1942	5162
V 3000 S	1942-1945	20.989

Zivile Lastwagen, deutsche Montage/Produktion nach Typen

Typ	Baujahre	Stückzahl
Ford G 917 T V8, 3-Tonner »Barrel Nose«, (3,6 Liter)	1939-1941	19.158
Ford G 997 T V8, 3-Tonner »Barrel Nose«, (3,9 Liter)	1941-1942	6041
Ford G 918 TS (V 3000 S), 3,3-Tonner, (3,9 Liter) darunter Ford Maultier	1942-1945 1944-1945	24.110 8460
Ford G 198 TWA, (V 3000 A Frontlenker), 2,9-Tonner, (3,9 Liter)	1943-1944	758

Von Rhein und Ruhr und FK-Lastwagen im Wirtschaftswunder

Im Nutzfahrzeugsektor fing Ford stark an und ließ schwer nach. Ford war der erste nach dem Krieg, der Lastwagen liefern konnte und deswegen wurden sie gekauft. Denn der Bedarf war immens. Ford ruhte sich auf den Lorbeeren aus, der V8 und der vierzylindrige BB, bald Rhein und Ruhr genannt, wurden bis auf die Optik nur bescheiden weiterentwickelt. Es gab zwar Innovationen, beispielsweise beim Allradmodell mit seinem »Freilauf«, der den zuschaltbaren Allradantrieb nicht nach der Willkür des Fahrers, sondern nach den Bedürfnissen der Technik abschaltete, oder die Eaton-Doppelschaltachse im FK 4000. Aber dennoch zeigte sich in den 50ern von Jahr zu Jahr, dass weniger Ford-Lastwagen neu verkauft wurden. Das Straßenbild in der Klasse der »Schnell-Laster« beherrschten zunehmend der Opel Blitz und der Hanomag L 28. Etwas zu spät setzte Ford auf den Diesel, zunächst ein Hercules-Motor in Lizenz, dann eine Eigenentwicklung. Und die war so »eigen«, dass sie versagte. Da war Ford zu innovativ, überließ die Konstruktion einem genialen Visionär, doch die Realität auf dem Bock war ganz anders als von Ford versprochen und erhofft. Die 1955er-Generation des Ford-Lastwagens sollte die letzte sein, 1961 war Zapfenstreich in Köln.

Aber damals verdiente Ford-Deutschland sein Geld im Nutzfahrzeug-Sektor längst mit dem Taunus Transit, der hinter dem VW Transporter zwar stets die zweite Geige spielte, aber immerhin die zweite. Und mit dem zweiten Transit, dem Kurzhauber, landete Ford weltweit einen Bestseller. In Deutschland blieb zwar auch er hinter dem Heckmotor-Transporter aus Hannover zurück, aber in Großbritannien und den Exportmärkten reüssierte er zum Marktführer.

Nach zwölfjähriger Pause nahm Köln das Lastwagen-Geschäft wieder auf. Nunmehr keine Kölner Produktion mehr, alles made in England. Das waren allenfalls Achtungserfolge, aber mit dem Cargo, der bis heute letzten europäischen Ford-Lastwagen-Konstruktion, lancierte Ford erneut einen Bestseller (wieder mal: eher in England als in Deutschland). Danach zog sich Ford aus dem Business zurück, der Transit ist seither der einzige Arbeiter, und heute kommt er für den Weltmarkt aus dem türkischen Ford-Werk. Dorther stammt auch der neuzeitliche F-Max, der seit 2021 in Deutschland angeboten wird, ein Schwerlastwagen von Ford-Otosan, vertrieben nicht von Ford, sondern von der eigens dafür gegründeten F-Trucks-Deutschland als Generalimporteur. Die Ford-Lastwagengeschichte aus Köln ist zwar seit 1961 Geschichte, aber Ford-Lastwagen auf deutschen Straßen gibt es weiterhin.

Rhein und Ruhr: Deutschere Namen konnten nicht gefunden werden

Nahtloser vollzog kaum ein anderer deutsche Automobilhersteller den Übergang von Kriegs- zu Friedensproduktion. Zwar nicht von einem Tag auf den anderen, aber binnen zweier Monate. Der letzte Wehrmachtslastwagen wurde am 28. Februar 1945 gebaut, am Tag des Einmarsches der Amerikaner. Und am 4. Mai stellte Ford den ersten, »friedlichen« Laster aus Nachkriegsproduktion her. Das ging, weil das Kölner Werk relativ geringe Kriegsschäden aufwies. Und das war so, weil es britische und amerikanische Bomber absichtlich verschont hatten, aus Gründen ihres nationalen Besitzstandes. Doch der Krieg war nicht mit dem Einmarsch der Amerikaner in Köln vorüber, sondern am 8. Mai 1945, als das Deutsche Reich kapitulierte. Und in diesen letzten Kriegstagen wurde das Werk getroffen, als deutsche Artilleristen den Besatzern erbitterten Widerstand leisteten. Fünf Wochen lang lag das Ford-Werk direkt im Gefechtsfeld. Das hinterließ Spuren.

Die Amerikaner beschlagnahmten das Werk bei ihrem Einmarsch und inhaftierten den Generaldirektor Robert H. Schmidt. Denn Ford hatte für die Wehrmacht Lastwagen gebaut, und das interpretierten die Amerikaner als Kriegsverbrechen. Als ranghöchster Mitarbeiter war Chefingenieur Richard Bussien der Ansprechpartner für die siegreichen Amerikaner. Extern agierten Erhard Vitger, der stellvertretende Generaldirektor, und der frühere Exportchef Max Ueber, die nicht mehr im Werk beschäftigt waren, und bemühten sich um gute

Typisches Beispiel für die allerersten Ford-Nachkriegslieferwagen, die ausschließlich für die Besatzungsmächte gebaut wurden: V8 als Sanitätskoffer für die Britische Rheinarmee mit Aufbau von Karmann in Osnabrück.

Ganz frühe Nachkriegsproduktion für die Besatzungsmächte, auslieferungsbereit auf dem Kölner Werksgelände. Die Wagen entsprechen noch weitgehend der Kriegsversion V 3000 S. Die Fahrzeuge haben alle die nach oben verlängerten Luftschlitze, aber nur manche tragen zusätzliche Belüftungsklappen auf der Motorhaubenoberseite. Ebenfalls gut zu sehen sind die unterschiedlichen Vorderkotflügel, bei den meisten Lastwagen bereits wieder schön geschwungen, bei einigen noch die vereinfachte Version. Alle weisen die kleinen Kriegsscheinwerfer auf. Man nahm und verbaute, was man hatte.

Sprengwagen der Stadt Köln. Er trägt noch die Haube und die Notscheinwerfer aus Kriegszeiten, ist aber ein frühes Nachkriegsprodukt.

Nach der Währungsreform: »Die Sinalco schmeckt...!« Ford schaffte es, das Vertrauen der Getränkeindustrie zu gewinnen. Für Coca Cola war Ford bis weit in die 50er hinein der Stammlieferant (danach wechselte Coca Cola zu Daimler-Benz).

Beziehungen zu den neuen Herren. Noch hatten die Amerikaner nicht entschieden, was mit dem Werk geschehen sollte. Immerhin heuerten sie Ueber auf Honorarbasis als freien Mitarbeiter an, der zunächst für die Fabrik voll verantwortlich war. Sehr rasch nach Kriegsende, ab Juni 1945, waren nicht mehr die Amerikaner die Besatzungsmacht, sondern die Briten. Die englische Ford-Filiale in Dagenham sandte beratende Fachleute ab. Sie war mit 40 Prozent am Kölner Aktienkapital beteiligt und hatte großes Interesse an der Fortführung der deutschen Geschäfte. Die britischen Ford-Abgesandten konnten immerhin verhindern, dass die Militärs das Werk sprengten. Ford-Arbeiter wurden wieder zusammengesucht, um aufzuräumen, andere mussten Militär-Jeeps der Besatzer reparieren. Das Ziel war, in Köln wieder Autos zu bauen. Dazu mussten die Kriegsschäden zumindest provisorisch repariert und ausgelagerte Maschinen wieder ins Werk gebracht werden. Noch im Mai 1945 erhielt Köln die Erlaubnis, wieder Lastwagen bauen zu dürfen.

Die Engländer stemmten sich gegen den von den Amerikanern zunächst favorisierten Morgenthau-Plan, wonach Deutschland ein Agrarstaat hätte werden sollen. Von Premierminister Winston Churchills Haltung profitierte Ford, denn die Agrarstaat-Lösung hätte für Ford-England den Komplettverzicht auf das Kölner Eigentum bedeutet. Zwar kamen nach Kriegsende immer mehr Arbeiter ins Werk zurück, aber im Zuge der Entnazifizierung mussten auch einige entlassen werden - darunter der einstige Generaldirektor Robert H. Schmidt.

Deutschland ging es in den dunklen Nachkriegsjahren furchtbar schlecht, der Nation wie jedem einzelnen, und die Amerikaner schwenkten um. Der bis dato favorisierte Morgenthau-Plan wich zugunsten des Marschallplanes. Von ihm profitierten alle europäischen Nationen, nicht nur Westdeutschland, das mit 1413 Millionen Dollar zwischen 1948 und 1952 ungefähr ein Zehntel der gesamten Fördersumme erhielt (13,12 Milliarden Dollar). Die Amerikaner erkannten, dass nicht nur Westdeutschland, sondern ganz Europa aus eigener Kraft nie wieder zur Blüte kommen könnte und sie deswegen sämtliche Kriegskredite an die Alliierten langfristig verlieren würden, die Schulden hätten nie zurückgezahlt werden können. Also kurbelten sie die europäische Wirtschaft an, denn prosperierende Länder konnten ihre Schulden zurückzahlen. Der Marshallplan war auch ein Angebot an die Westeuropäer, das amerikanische System nicht nur politisch, sondern auch wirtschaftlich zu übernehmen. Gleichermaßen schafften es die Amerikaner, durch ihr Geld die europäische Wirtschaft zu vernetzen und in eine wechselseitige Abhängigkeit zu bringen, somit also die Macht einzelner Nationalstaaten zu reduzieren. Diese wechselseitige Abhängigkeit verhinderte künftige innereuropäische Kriege. Nach Inkrafttreten des Marshallplanes war es für Henry Ford II klar, an seiner deutschen Filiale festhalten zu wollen.

Fabrikneu: Das Gesicht des ersten Nachkriegs-Lastwagens von Ford. Ein Ford Ruhr posiert anlässlich des Journalistenempfangs in Köln am 8. Januar 1950. Auch der Hintergrund ist interessant. Dort parkt ein teilkarossierter Buckel-Taunus, der als Basisfahrzeug an einen Karosseriebauer geliefert wurde.

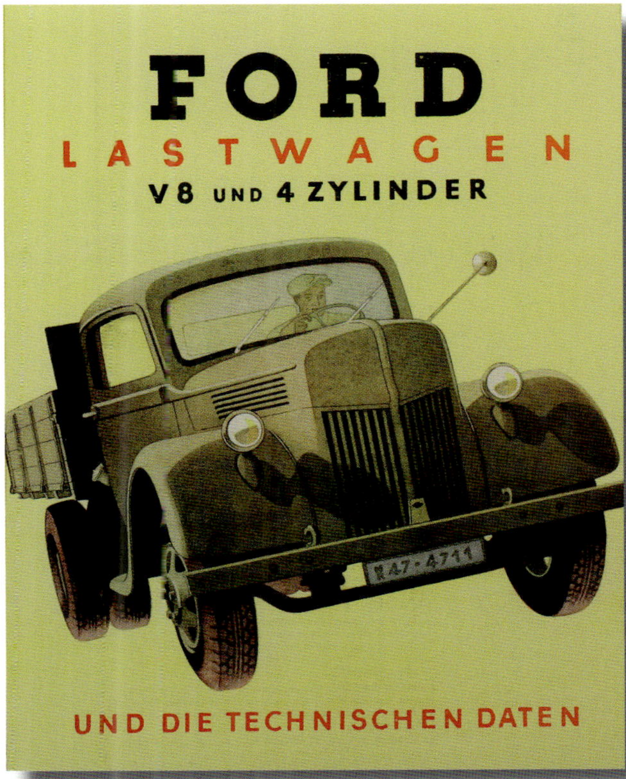

Nebeneinander: Der gleiche Ford-Prospekt beschreibt mit gleicher Graphik den gleichen Inhalt. Nur die Namen der Lastwagen sind anders. Links das Deckblatt des Lastwagen-Prospektes vom September 1948 nach der Namensänderung in Rhein und Ruhr, rechts dasjenige vom Juni 1947.

»Gut, weil Ford ihn baut«: Werbung für den vierzylindrigen Ruhr vom Juni 1950.

Dann kam die Währungsreform am 21. Juni 1948. Wirtschaftsminister Ludwig Erhardt propagierte die D-Mark als Nachfolger des Bezugsscheinsystems. Jeder Westdeutsche bekam 40 D-Mark, weiteres Geldvermögen wurde im Verhältnis 1 zu 10 abgewertet und von Reichsmark in D-Mark umgetauscht. Die Warenregale in den Geschäften waren über Nacht voll, und die Deutschen aßen sich erst mal (und seit Jahren: erstmals) satt. Der Schwarzmarkt war beendet, außer Benzin war kaum mehr etwas knapp. Bei Ford lief das Fließband zuverlässig, Lastwagen gingen weg wie warme Semmeln. Um Rohstoffe gegen Devisen zu kaufen, begann Ford mit dem Export von Lastwagen. Gleichzeitig im Sommer 1948 wurde Ford-Köln wieder eine Aktiengesellschaft mit dem gebürtigen Dänen Erhard Vitger als Generaldirektor. Weiterhin hatte Dagenham, also Ford-England, eine Art Aufsichtsfunktion, und über allem thronte der US-Mutterkonzern.

Der Nachkriegs-Lastwagen entsprach dem Kriegslastwagen, mit Ausnahme der Einschränkungen, welche der Kriegsnot geschuldet waren. Es gab also von Anfang an wieder ein ordentliches Ganzstahl-Fahrerhaus mit den ursprünglichen, wohl geformten Kotflügeln und keine kleinen Kriegsscheinwerfer mehr. Imbert-Holzgasgeneratoren waren weiterhin als alternative Antriebe lieferbar (und ganz am Anfang wurden auch noch einige Holzfahrerhäuser aus Restbeständen verbaut). Nach wie vor gab es die beiden bekannten Typen, den vierzylindrigen BB ab 1945 und den V8 ab 1946, völlig identisch zu den 1942 lancierten Typen. Es gab eine Einheitslackierung, von Ford im 1949er Prospekt so

Man benötigt nur eine sehr dünne Bedienungsanleitung, um sich im Fahrerhaus eines Ford Rhein von 1949 zurecht zu finden. Man kann nichts verwechseln. Und man freut sich über Kurbelfenster.

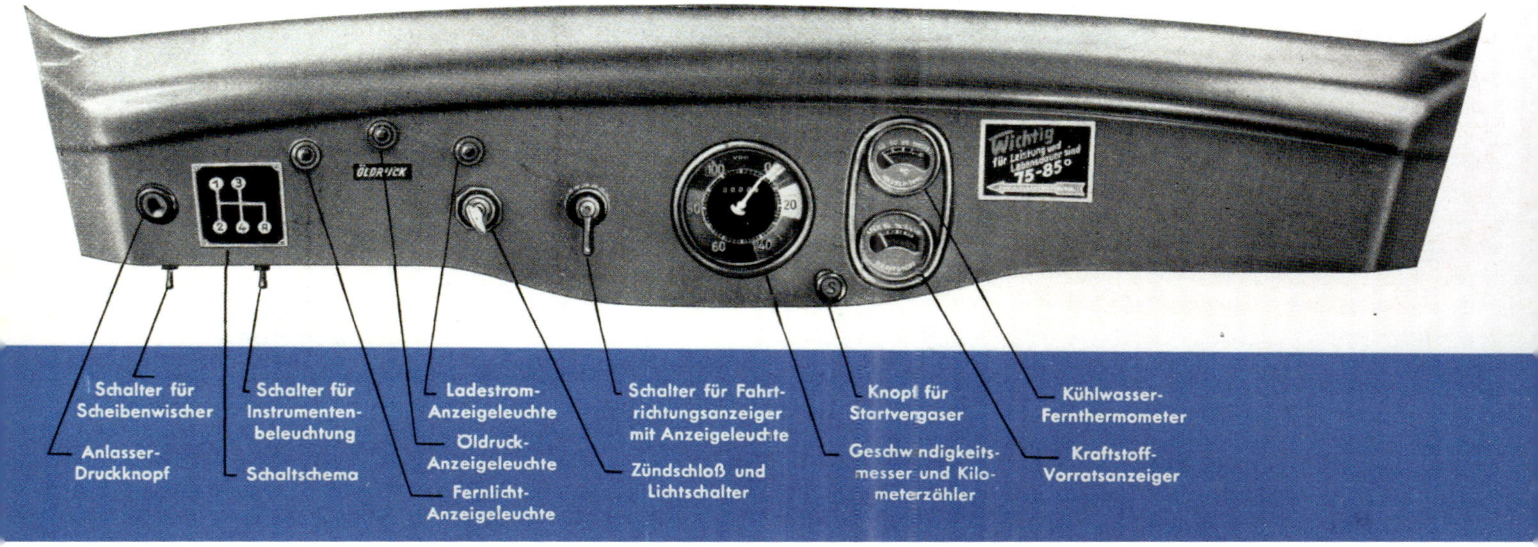

Alles dran, was der Fahrer eines Schnell-Lastwagens braucht – zumindest damals. Armaturenbrett des Ford Rhein, Oktober 1948.

beschrieben: »Der Anstrich ist grau, und in Verbindung mit den neuen tiefgezogenen, gewölbten und schwarzlackierten Kotflügeln verleiht das Fahrerhaus dem Fahrzeug einen ansprechenden Gesamteindruck.« Ford hatte ein Alleinstellungsmerkmal, denn Ford war der einzige westdeutsche Produzent, der so früh Lastwagen liefern konnte. In der Literatur wird manchmal behauptet, die Fahrerhäuser seien im Volkswagen-Werk hergestellt worden, weil Ford in Köln keinen Platz für die Blechpressen hatte. Das stimmt nicht, sondern trifft für die Werkzeuge zur Karosserieproduktion des Personenwagens Taunus zu, die Köln unter widrigen Umständen vom Karosseriewerk Ambi-Budd in Berlin-Johannisthal (wo Taunus-Karosserien bis 1940 hergestellt worden waren), nunmehr in der sowjetischen Zone gelegen, herbei organisieren musste. Für sie war tatsächlich kein Platz im Werk Köln-Niehl, eben weil die Lastwagenproduktion so viel Raum einnahm. Und das traf auch nur auf das letzte Vierteljahr 1948 zu. Dann kamen die Taunus-Pressen von Wolfsburg nach Köln.

Pritschenwagen auf verlängertem Clerck-Chassis: Aufbau, wie im Hintergrund zu lesen ist, vom Karosseriewerk Hall. Ein zweiter Zweig der Kölner Familie Bauer, also ein Bruder Peter Bauers, übernahm in den 30er Jahren die Karosseriefabrik Hall in Köln-Riehl. Emil Bauer wollte unabhängig sein und lieferte sich mit Peter Bauer einen harten Konkurrenzkampf. Dafür hatte er die 1829 gegründete Wagenfabrik von Hermann Peter Hall erworben und firmierte unter »H. P. Hall Nachfl., Inh. E. Bauer«.

Ford als Feuerwehr-Drehleiter von 1949, Aufbau von der Feuerwehrgerätefabrik Eugen Bachert in Bad Friedrichshall. Die Leiter musste per Handkurbel aufgestellt werden.

1945 liefen bereits 2443 Dreitonner vom Band, 1946 waren es 4649, 1947 wegen Materialengpässen nur 2060, anfangs nur vierzylindrige Typ BB mit 52 PS, ab 1946 auch V8 mit 90 PS (also der zu Wehrmachtszeiten V 3000 S genannte Lastwagen). Die gesamte Produktion bis 1947 ging ausschließlich an die Besatzungsmächte, und nur handselektierte Ausnahmen wurden für deutsche Käufer gemacht, die ihr Kaufbegehr bestens begründen konnten (und in Bezug auf ihre NS-Vergangenheit eine blütenweiße Weste haben mussten). Nun hatte Ford wieder zwei Lastwagentypen im Programm und zur Diversifizierung wurden die beiden Namen Rhein für den V8 (95 statt 90 PS) und Ruhr für den BB (57 statt 52 PS) ersonnen. Ab diesem Zeitpunkt hatte Ford auch ein Frontlenker-Langrahmenfahrgestell im Angebot, 5300 mm Radstand, für Sonderaufbauten und Omnibusse. Die Verkaufszahlen Ende der 40er Jahre: Im Jahre 1948 entstanden 1881 BB und 3349 V8 plus 175 Omnibusse, im Folgejahr 1767 Vier- und 963 Achtzylinder sowie 480 Busse. Ab 1948 wurde die Produktion der Lastwagen-Fahrerhäuser, um in Köln Kapazitäten für den »Buckel-Taunus« zu schaffen, nach Wilhelmshaven zu den Nordwest-

V8-Dreitonner mit Müllwagenaufbau von Streicher in Stuttgart-Bad Cannstatt.

Derselbe Aufbauhersteller zeichnet auch für diesen Sprengwagen mit Anbau-Kehrmaschine verantwortlich.

deutschen Fahrzeugwerken (NWF) ausgelagert, wo auch Bus-Aufbauten auf Ford-Basis entstanden. Koffer- und Pritschenaufbauten entstanden bei Drauz in Heilbronn und bei den Karosseriewerken Weinsberg. In Köln wurden fortan nur noch Lastwagen-Fahrgestelle mit Technik gebaut.

Zur Technischen Messe in Hannover im Mai 1949 brachte Ford als zusätzlichen Typ den vierzylindrigen 1,5- bis 2-Tonner (je nach Bereifung) als »Schnell-Lastwagen«, eine Reaktion auf den 1,5-Tonner-Opel-Blitz aus Rüsselsheim (den 3-Tonner-Blitz gab es nicht mehr, nachdem Mercedes dessen Lizenzproduktion beendet hatte). Der neue Ford hieß »Schnell-Lastwagen«, nicht Ruhr. Gebaut wurde er bis 1952, aufgegeben zugunsten des Transporters FK1000. 1950 war ein stückzahlmäßig bitteres Jahr, aufgrund der Engpässe wegen des Korea-Krieges. Gebaut wurden nur 19 Exemplare des 3-Tonners (also Rhein und Ruhr) und 499 Exemplare des Schnell-Lastwagens. 1951 wurde es etwas besser: 351 Schnell-Lastwagen, 1632 Mal der 3-Tonner.

Auf dem Frontlenker-Langrahmenchassis karossierte Peter Bauer Kastenwagen im Stile seiner Omnibusse. Das waren also quasi Bauer-Omnibusse ohne Seitenscheiben und Sitzbänke.

»Menschen und Maschinen arbeiten heute wieder für den Frieden«. Ford-Werbung vom August 1949.

Im Mai 1949 in Hannover präsentiert wurde der Schnell-Lastwagen. Werbung für ihn vom Oktober 1949, angeboten als Kastenwagen, Pritschenwagen und Fahrgestell mit Fahrerhaus als Basis für Sonderaufbauten.

Bernd Reuters ist zwar als Graphiker für das Volkswagen-Werk in die Annalen eingegangen. Aber zuvor zeichnete er für Ford. Dynamische Reuters-Darstellung auf dem Deckblatt des 1949er Schnell-Lastwagen-Prospektes.

Miesen in Bonn ist zwar für Krankenwagen bekannt, karossierte aber auch diesen Bestattungswagen auf Ford 1,5-Tonner-Chassis.

Eine rollende Schulklinik, ebenfalls auf 1,5-Tonner-Basis, mit Karosserie und Einrichtung von Plingsten & Bös in Wuppertal-Elberfeld. Bemerkenswert die mittige Dacherhöhung mit zusätzlichen Oberlichtern, die dem Arzt Stehhöhe ermöglicht.

Nachkriegs-Omnibusse: Vom einfachen Frontlenker zum revolutionären Schnellbus

Ford entwickelte nach dem Krieg einen preisgünstigen Omnibus. Die Karosserien wurden nach eigenen Plänen vom Kölner Aufbauhersteller Peter Bauer geliefert, letztlich ein eckiger Kasten auf Rädern mit rundum planen Scheiben in elfenbeinfarbener Einheitslackierung mit blauem Rundumstreifen und blauen Kotflügeln, innen dunkel- und hellgrau. Gebaut wurde er in zwei Längen (4013 oder 5300 mm Radstand) mit 25 oder 33 Sitzplätzen, ausschließlich mit dem V8-Benziner. Karosserie in Gemischtbauweise: Holzrahmen, mit Blech verkleidet. Größte Abnehmer waren die amerikanischen und britischen Besatzungsmächte.

Zum Jahr 1951 lieferte Ford keine kompletten Omnibusse mehr, sondern nur noch die Fahrgestelle in beiden Längen, die Aufbauten besorgten hauptsächlich Drauz, die Nordwestdeutschen Fahrzeugwerke (NWF) und Peter Bauer nach eigenen Plänen (es gab auch Einzelstücke externer Karosseriers nach

Die Basis aller langen Ford-Omnibusse: Das Langrahmenchassis mit 5300 mm Radstand, auch einzeln käuflich für Karosseriebau nach Wunsch. Es gab je eine Version für Frontlenker- und Hauber-Bauweise. Das Foto zeigt das lange Chassis für Hauber-Lastwagen.

Sieht nüchtern aus, fast schon behelfsmäßig: Ford 33-Sitzer in Werksausführung 1949/50. Das Fachorgan »Das Nutzfahrzeug« bezeichnete seine Optik abwertend als »etwas schwindsüchtig«.

Peter-Bauer-Werbung in »Das Nutzfahrzeug« vom April 1949.

Kundenwunsch, man konnte das Fahrgestell separat erwerben). Das waren für damalige Zeiten moderne Formschöpfungen mit abgerundeten Ecken, Webasto-Schiebedach, Dachrandverglasung und Eckfenstern. Die 33-Sitzer gab es jeweils in Standardversion für den Berufsverkehr und als luxuriöse Reisebusvariante, jeder Sitz mit Zigarrenanzünder und Aschenbecher, Beleuchtung für jede Sitzreihe, Blaupunkt-Radio (Auto-Super 5A 649/0) mit vier Lautsprechern und Mikrophonanschluss, Heizung, Dachgepäckträger. Als Extras breite Chromstoßstangen, Kühlerjalousien, Radkappen, Plexiglas-Dachrandverglasung, runde Heck-Eckfenster, Radzierkappen. Verkauf über Ford-Händler, genormte Preise

(1951): Busfahrgestell 11.750 DM, Standardaufbau 14.750 DM, Reisebus je nach Ausstattung 30.000 bis 35.000 DM. Diese Frontlenker-Busse wurden bis 1956 gefertigt.

Das Jahr 1951 stand im Omnibusbau im Zeichen erster selbsttragender Konstruktionen. Ford setzte bei seinen Werksmodellen nach wie vor auf Rahmenbauweise, hatte aber immerhin schon seit den 30er Jahren ein Niederrahmenfahrgestell zu bieten, das niedrige Bauweise und somit bequemen Einstieg erlaubte. Einige Omnibuszulieferer von Ford, namentlich Drauz und die NWF, setzten auf der IAA 1951 bereits auf selbsttragend konstruierte Heckmotor-Busse. Zusammen mit Ford konstruierte Drauz einen selbsttragenden Leichtbaubus mit Ford-Hercules-Diesel im Heck - so sah auf der IAA 1951 die Omnibus-Zukunft aus! Der Ford/Drauz Leichtbau DR 42 entstand in Zusammenarbeit mit dem Flugzeugkonstrukteur Henrich Focke, das Design stammt vom deutsch-französischen Industriedesigner Lucien Lepoix. 27 Exemplare entstanden und wurden bis 1955 über die Ford-Händlerorganisiation verkauft. Der Nachfolger DR 43, noch großzügiger verglast, aber im selben Stromlinienstil, wurde bis 1959 mit dem problematischen Ford-V6-Zweitaktdiesel bestückt, danach ersetzte

Früher Postbus mit 25 Sitzen und Raum zur Paketbeförderung für Kraftpostlinien, Aufbau von Peter Bauer, als Neufahrzeug aufgenommen 1949 vor einem Ford-Werkstor.

Deckblatt des ersten Ford-Nachkriegs-Omnibusprospektes von 1949, Typ G 798 B als 25- oder Typ G 79-0 B als 33-Sitzer in elfenbeinfarbener Einheitslackierung mit Kotflügeln und Rundumstreifen in Blau.

ihn ein Henschel-Motor. Und dann gab es auf der IAA 1951 auch noch einen richtig großen und ultramodernen Fernreisebus von NWF auf Ford-Basis.

Die NWF, die Nordwestdeutschen Fahrzeugwerke in Wilhelmshaven, waren ein junger Betrieb, 1946 gegründet. Ab 1948 beschäftigte sich NWF mit dem Thema Leichtbauomnibus nach Plänen Henrich Fockes, als technische Basis diente zunächst der Ford V8-Lastwagen mit Benzinmotor, heckseitig eingebaut. Der Prototyp des Schnellbusses mit kompletter Ford-Technik (Motor, Getriebe, Achsen) entstand aus einem alten Flugzeugrumpf aus Aluminium. Er sah aus wie ein Zeppelin, hörte auf den Namen »Schnellbus«, war selbsttragend konstruiert, bot 42 Reisenden Platz und konnte 98 km/h schnell fahren. Aus dem Prototyp mit Alukarosserie wurde ein Serienmodell mit Stahlblechaufbau über einem Leichtmetallgerippe, und der NWF Schnellbus mit Ford-Motor war der erste selbsttragend konstruierte Omnibus in Deutschland. Der legendäre Setra S8 erschien wenige Monate später. In Serie wurde die Karosserie leicht überarbeitet, in Reisebusversion stets mit Dachrandverglasung, und als Antrieb diente der Ford-Hercules-Diesel. Es gab auch kleinere Ausführungen mit Deutz-Motoren.

Ziemlich Aufsehen erregend war die Version auf Basis des NWF BS (»Bus Super«) als Schiene-Straße-Bus. Für den Schienenverkehr konnte ein zweiachsiger Spurwagen mit Eisenbahn-Radsätzen unter dem Busvorderteil befestigt werden, der behufs dessen mit vier eingebauten, elektrischen Stempeln hochgehoben wurde. Der Antrieb des Busses im Schienenbetrieb erfolgte über die serienmäßigen Hinterräder, die direkt auf den Schienen liefen. Die Bundesbahn setzte 15 derartige Fahrzeuge im kom-

Etwas luxuriöser auf Wunsch: Diesen 1949er Ford G 790 B mit Dachrandverglasung realisierten die Vereinigten Werkstätten für Karosseriebau in München.

binierten Schienen-Straßen-Verkehr ein, bewährt hatte sich das Konzept aber nicht.

An NWF war Krauss-Maffei seit 1949 beteiligt. NWF strebte die Selbständigkeit an und träumte vom Flugzeugbau. So gab Krauss-Maffei seine Beteiligung zurück und sicherte sich im Gegenzug das Recht, den Schnellbus fortan exklusiv als Krauss-Maffei in München bauen zu dürfen (Typen KLM 90 und KLM 110). Mit dem Flugzeugbau wurde es nichts, die Produktion des dreirädrigen Kleinstwagens Fuldamobil NWF 200 brachte nicht den erwünschten Erfolg, den Schnellbus verlor NWF an Krauss-Maffei, und übrig blieb der Konkurs Ende 1955.

Die zweite Generation der Nachkriegs-Omnibusse ab Anfang 1951: Aufnahme des Reisebusses anlässlich des Ford-Presseempfangs in Köln am 8. Januar 1951. Drei Karosseriebauer lieferten genormte Modelle mit optischen Eigenheiten. Diese Frontpartie charakterisiert die Interpretation von Peter Bauer.

Reisebus auf Langrahmenchassis von NWF in Wilhelmshaven mit modisch und schnittig geschwungenen Kotflügeln.

Reisebus mit Dachrandverglasung und Dachgepäckträger mit Karosserie von Drauz in Heilbronn. Die Antenne belegt den Einbau eines Blaupunkt Auto-Super-Radios.

Drauz-Werbung in »Das Nutzfahrzeug« vom Mai 1950.

Fast schon verspielt: 1951er Reisebus mit vorderen Kotflügelausbuchtungen und vielen, dicken Zierleisten von Peter Bauer in Köln. ↑

Die Interpretation eines unabhängigen Karosseriebauers: Böbel in Ulm kreierte diesen Reisebus Anfang 1950, luxuriös ausgestattet, schnittig gestaltet mit allen Attributen der Zeit und adäquat in Szene gesetzt vor dem Schloss in Ulm-Wiblingen. ↑↑

Hoch modisches Einzelstück: 15-sitziger Clubbus mit Karosserie der NWF, sehr amerikanisches Styling. ←

Letztlich auch ein Bus: Werbefahrzeug für Continental mit zwei massiven Dachlautsprechern mit Karosserie von Kässbohrer aus Ulm.

Im Gewande des Omnibusses: Aral-Renndienstwagen mit Karosserie von Peter Bauer von 1949, innen eine mobile Werkstatt.

Der Renndienstwagen im Einsatz, das Zelt aufgebaut, die Rennmaschinen stehen im Schatten, im Hintergrund ein Opel Super 6 aus Vorkriegstagen.↑

Die Rennmaschinen aufgereiht, lauter NSU Fox, also die kleinen 125er-Viertakt-NSU-Crossmaschinen. Die Menge der Maschinen deutet auf einen Werkseinsatz hin, wohl ein Grasbahnrennen.←

Stolz präsentiert anlässlich des Ford-Pressempfangs in Köln im Januar 1951: Der Prototyp des Ford/NWF Schnellbusses, noch mit Aluminiumkarosserie.

Im Profil gut zu sehen ist der enorme Hecküberhang, 3,60 Meter zwischen Hinterachse und hinterem Karosserieabschluss.

Spannendes Zweiwegefahrzeug: NWF Typ SD 137/BS 300 für den kombinierten Schienen-Straßen-Verkehr. Dieses Fahrzeug trug allerdings keinen Ford-Motor, sondern einen 125-PS-Deutz-V6. Aber wenigstens die Achsen kamen von Ford.

NWF-BUS MIT FORD-TECHNIK ALS MOBILE SPARKASSE IN URUGUAY

In Uruguay trauten sich einfache Leute in den 50ern nicht auf die Bank, weil sie dort auf Bankangestellte trafen, deren Ausdrucksweise sie nicht verstanden und die sie abfällig behandelten. Außerdem mussten sie für den Bankbesuch einen Anzug und ein weißes Hemd anziehen, wie zur Hochzeit. Darum ließen sie das Sparen bei der Bank sein und füllten daheim den Sparstrumpf. Der wurde ihnen wiederum von bösen Räubern gestohlen. Deshalb wurde Mitte der 50er die Banco Transatlantico del Uruguay gegründet, eine mobile Bank ohne stationäre Filialen, die mit Omnibussen quer durchs Land und vor allem aufs Land fuhr und die Arbeiter dort so empfing, wie sie waren: im Blaumann, in der Schürze, in Alltags- und Arbeitskluft eben. Dafür verwendete die Bank drei aus Deutschland importierte Omnibusse, nämlich Ford/NWF Schnellbusse mit Technik des FK 3500. Diese Bank ließ von der lokalen Kunststoffspritzerei ATMA eine Plastiksparkasse in Form eben jenes Busses fertigen. Schlitz im Dach, mit Schlüssel versperrbare Klappe am Boden, rollbar, Maßstab ~ 1:50. Das Modell ist aufwändig gemacht mit separaten Chromteilen, einzeln eingesetzten Rücklichtern, Zusatzscheinwerfern et cetera. In Europa ist dieses Werbegeschenk und gleichzeitig Spielzeug nahezu unbekannt und ein echter Exot. In Süd- und Mittelamerika wird das Modell ab und zu antiquarisch angeboten, aber meist fehlt auch an gut erhaltenen Exemplaren der Lautsprecher auf dem Dach.

Wer antiquarische Plastikspielzeugautos oder ungewöhnliche Sparbüchsen aus fernen Ländern sammelt, hat nun ein neues Objekt der Begierde: NWF/Ford Schnellbus der Banco Transatlantico del Uruguay, hergestellt von ATMA ebendort und in den 50ern als Werbegeschenk verteilt.

Kein Ford: der Butenuth Econom

Als Abart der Ford-Lastwagen in früher Nachkriegszeit wird der Butenuth Econom gerne gesehen. Hauptsächlich deshalb, weil er von Hellmuth Butenuth gebaut wurde, Inhaber der West-Berliner Ford-Generalvertretung. Dabei ist der Econom eine eigenständige Konstruktion, die mit Ford-Produkten außer den Achsen nichts gemein hatte. Dennoch sei er erwähnt - und wenn nur, um das Vorurteil auszuräumen, er sei ein Ford-Derivat.

Dieser Lastwagen war eine ganz frühe Eigeninitiative, eine der ersten Lastwagen-Neukonstruktionen nach dem Krieg, und hauptsächlich regional im West-Berliner Raum verbreitet: Der Butenuth Econom 5-Tonner entstand als Bausatzfahrzeug mit wenigen speziell für ihn entwickelten Teilen, die Technik war komplett zugekauft. Pritschen und auch Sonderaufbauten lieferte die Firma Gaubschat in Neukölln, ein Omnibusbauer, der zu den Pionieren im Bau von Gelenkbussen ab 1953 gehörte, das Fahrerhaus stammte vom Karosseriebauer Buhne in Moabit. Den 2,35-Liter-Zweizylinder-Dieselmotor mit 25 PS kaufte Butenuth bei MWM ein - ab 1952 ergänzt von einem 45-PS-Deutz- und einem 63-PS-Kämper-Diesel, angeblich, aber nirgends belegt, auch der 90-PS-Ford-V8. Die Achsen stammten (als einzige Teile belegbar) vom Ford-Lastwagen. Zusammengeschraubt wurde der Econom in Butenuths dafür gegründeter Firma in Spandau. Dieses Baukastenverfahren ermöglichte eine preiswerte Konstruktion und einen günstigen Preis, gebaut zwischen 1950 und 1955 in rund 250 Exemplaren (andere Quelle: an die 1000 Stück) - was weit weniger war, als erwartet. Als Prototyp gab es auf der IAA 1953 auch einen 6,5-Tonner-Kipplastwagen mit zwei gelenkten Vorderachsen.

Butenuth Econom mit Serienpritsche, Aufnahme vor Hellmuth Butenuths Autohaus, der Ford-Generalvertretung für West-Berlin.

Hellmuth Butenuth, ein ehemaliger Hanomag-Mann (beteiligt an der Kommißbrot-Konstruktion), war der erste Automobilhersteller-Neugründer im Nachkriegsdeutschland. Durch die Berlin-Blockade der Sowjets waren ab Juni 1948 keine neuen Lastwagen aus Westdeutschland mehr nach Berlin geliefert worden, und so richtete Butenuth schrottreife Militärlastwagen seriell her. Mit Marshallplangeldern entwickelte er den Butenuth Econom.

Die Fachpresse bezeichnete ihn als „interessanten Sonderling" und beklagte das mangelnde Interesse seitens der Fuhrunternehmer. Diese wollten einfach nicht begreifen, dass die geringe Leistung und somit niedrige Höchstgeschwindigkeit des 25-PS-Econom (40 km/h) kein Nachteil im Nahverkehr war - und nur dafür war der Econom gedacht. Wegen des leistungsschwachen Motors konnte er leichter gebaut werden, was die mangelnde Leistung teils sogar kompensierte. Kommunale Beschaffer sahen das ein, und so war ein Großteil der Econom-Lastwagen im öffentlichen Dienst beschäftigt. Doch damalige Fuhrunternehmer wollten offenbar, auch im innerstädtischen Zustellbetrieb, lieber einen ausgewachsenen Lastwagen, der Tempo 80 in der Stunde machte und fernstraßentauglich war. Der an sich kluge Butenuth-Entwurf starb also am Klischeedenken damaliger Fuhrunternehmer.

Im amerikanischen Stil: Der Ford 3-Tonner 1951 bis 1955

Man sprach vom 3-Tonner. Das heißt aber nicht, dass ein 3-Tonner automatisch drei Tonnen Nutzlast hat. Es war eher eine Genrebezeichnung, und korrekt müsste es heißen: 3-Tonner-Klasse. Denn der vierzylindrige Ford BB war ein echter 3-Tonner, der achtzylindrige und der Diesel hingegen konnten 3,5 Tonnen schleppen – trotz gleichen Rahmens, trotz gleicher Konstruktion. Es war eine Frage der Motorleistung. Und überhaupt wurde in der Wiederaufbauzeit auf einen Laster geladen, was auf die Pritsche passte. Da hat ohnehin niemand nachgewogen.

1951 bekam der Ford ein neues Fahrerhaus. Ein ungemein schönes, zeitgemäßes Fahrerhaus. Ein im amerikanischen Stil gehaltenes Fahrerhaus. Und nicht nur er. Die anderen auch, die Konkurrenten von Opel, Borgward, Hanomag – sie sahen letztlich alle gleich aus. Und die Personenwagen auch. Das war ganz einfach der Stil der Zeit – und im Nutzfahrzeugsektor orientierte er sich am »Advance Design« der GM-Lastwagen ab Modelljahr 1948: Die Motorhaube nach vorne zugespitzt (Spitzname: »Alligatorhaube«), sodass viel Platz für ausladend, geradezu bacchantisch geformte Kotflügel mit integrierten Rundscheinwerfern war, und die Kühlerfront wurde mit sieben quer liegenden, blitzenden Chromleisten geschmückt, unten breit, die oberen drei schmaler. Darüber thronte, ebenfalls verchromt, ein Zierelement mit dem Logo »F-K« für »Ford-Köln«. Das neue Design unterstrich also das horizontale Element, während beim Vorgänger mit der »Habichtnase« die Vertikale betont wurde. Dieser Stil hatte Symbolcharakter: Er repräsentiert durch sein pompöses Äußeres das beginnende Wirtschaftswunder, die Überwindung der »schlechten Zeit«, er symbolisiert den Satz: »Wie haben wir's

Ford FK 3000 BB, aufgenommen 1954, als er zwar noch ziemlich neu war. Aber er zeigt bereits ziemliche Verfallserscheinungen. Ein Lastwagen wurde nie geliebt, gehegt und gepflegt. Er musste schuften.

Ford FK 3000 BB mit motorhydraulischem Dreiseitenkipper, eine nachträglich kolorierte Schwarzweiß-Werksaufnahme.

doch so herrlich weit gebracht!« Er bediente die Repräsentationssucht und verkörperte den Wiederaufstieg des deutschen Bruttoinlandsproduktes gleichermaßen wie das neue Selbstverständnis der Westdeutschen. Alles und jedes wurde am amerikanischen Vorbild gemessen; was von jenseits des Großen Teiches kam, war gut, edel und schön. Luxus wollte gelebt und zur Schau gestellt werden. Das Schlüsselwort lautete: »Wir sind wieder wer!« Und genau so sahen die Fahrzeuge aus den Europafilialen der US-Konzerne aus, Personenwagen wie Lastwagen, aber auch die rein deutschen Hersteller huldigten diesem Stil. Am meisten ausgeprägt war er unter den Lastwagen beim mächtigen Krupp Titan (der eigentlich Südwerke Titan hieß). Der Ford-Lastwagen jedenfalls sah in der Generation 1951 bis 1955 so amerikanisch aus wie nie zuvor. Die Bezeichnung »neues Fahrerhaus« ist eigentlich nicht korrekt. Die Kabine selbst blieb nämlich gleich. Neu war nur der modisch gehaltene Vorbau.

Ansonsten tat sich nicht viel am '51er Modell. Die Bezeichnungen änderten sich. Aus dem BB Spezial wurde der FK 2000 (wie bisher 3,3-Liter-Vierzylinder mit 52 PS, für Spezialzwecke wie Feuerwehrfahrzeuge auch mit V8-Motor, Produktionsstopp 1953). Der alte BB, zuletzt hörte er auf den Namen Ruhr, hieß nun FK 3000 BB, seine Leistung wurde von 52 auf 57 PS erhöht. Aus dem Rhein wurde der FK 3500 V8, zunächst 95 PS stark, ab 1952 Hubraumerhöhung von 3613 auf 3924 cm³ und satte 100 PS. Optische Unterschiede gab es nur in

An der Waterkant: FK 3500 mit Spezialaufbau als Biertransporter der Cohrt-Eiche-Brauerei, frisch lackiert von der Kieler Lackiererei Johs. Vanini, damals in der Marthastraße nahe dem Hauptbahnhof auf einem zeitgenössisch spannenden Hof zusammen mit einer Ford- und einer Borgward-/Lloyd-Werkstatt sowie einer Gasolin-Tankstelle beheimatet. Vanini existiert noch heute in Kiel.

der Chromdekoration auf der Motorhaube, direkt über der obersten Querzierleiste. Die Ornamente des Vier- und Achtzylinders waren unterschiedlich. Der Diesel hingegen trug (meistens) einen »Diesel«-Schriftzug beidseits hinter der Chromzierleiste längs der Motorhaube.

Ebenfalls ein Schnappschuss aus einer Kieler Autolackiererei, wo die Spezialaufbauten im Kundenauftrag in Firmenfarben lackiert wurden – diesmal Scholz & Sohn. Im Vordergrund ein FK 3500, in der Halle ein Hanomag L 28.←

»Die bequeme Ausstattung erhöht die Leistung des Fahrers«, werbetextete Ford. Wohlgemerkt: Es geht nicht um dessen Bequemlichkeit. Es geht nur um seine Leistungsfähigkeit.↓

Erneut eine nachträglich kolorierte Schwarzweiß-Fotografie des FK 3000 BB, nun als Pritschenwagen....

...und der »kleine« FK 2000 mit Kofferaufbau.

Es gab unterschiedliche Transportmöglichkeiten für Getränkekisten, die damals noch aus Holz waren. Dieser Spezialaufbau für Coca Cola stammt von den FKF-Werken in Frankfurt/Main. Coca Cola blieb Ford lange treu. Frühe Nachkriegs-Coca-Cola-Wagen waren gelb/rot lackiert...

...und spätere in Rot mit Weiß. Dieses Exemplar wurde als Klassiker im Originalzustand in den 80er Jahren fotografiert und wechselte dann als »Sympathieträger« seine Werbebeschriftung für einen Betonsteineproduzenten im Kreis Bergheim bei Köln.

Typische 50er-Jahre-Szene mit einer Tankstelle auf einer innerstädtischen Freifläche in München-Bogenhausen (an der Ecke Einstein-/Trogerstraße), wo vor dem Krieg ein stattliches Wohnhaus gestanden hatte. Wenn ein Tankwart bescheiden war und das unternehmerische Risiko einer Großtankstelle scheute, so tat er sich mit zwei Freunden zusammen, einem Mechaniker und einem Karosseriebauer. Gemeinsam machten sie rund um die Tankstelle einen Gebrauchtwagenhandel auf. Das Shell-Kassenhäuschen sieht für damalige Verhältnisse ziemlich schäbig aus, rechts ein Neubau, vor ihm ein älterer Ford FK 3500 V8 als Getränkelastwagen mit vielen Flaschen Coca Cola, und im Vordergrund die aufpolierten Gebrauchtwagen: rechts ein Opel Rekord P II, besser zu sehen sein Vorgänger, der Panoramascheiben-Rekord.

Die Stadt Köln kaufte natürlich aus Lokalpatriotismus ausschließlich Ford-Lastwagen für ihren Fuhrpark, ein Wassersprengwagen im Einsatz, Aufbau von der Stuttgarter Firma Streicher.

Diesel oder V8-Benziner: Ein Glaubenskrieg in der Dreitonner-Klasse

Im Zuge des Korea-Krieges ab Sommer 1950 kam es zur ersten Nachkriegs-Konjunkturdelle. Benzin wurde erneut ein knappes Gut. Auch Stahl und Feinbleche waren nur noch eingeschränkt erhältlich, was Köln deutlich zu spüren bekam. Das lag aber nicht nur am Korea-Krieg, sondern auch daran, dass Deutschland seine Kohle an die Kriegssieger abtreten musste, somit selbst nicht genügend hatte und deswegen energieintensiven Walzstahl für Karosseriebleche nicht produzieren konnte. Eine ungute Situation: Ford hatte volle Auftragbücher, konnte die Aufträge aber nicht abarbeiten - in Folge dessen

In Monumentalperspektive: Graphik von Walter Gotschke auf dem Deckblatt des ersten FK-3500-Diesel-Prospektes.

Kässbohrer-Aufbau zum Lebensmitteltransport auf FK 3500 D. Damals, Mitte der 50er Jahre, begann das Zeitalter der Selbstbedienung in Lebensmittelgeschäften. Gut zu sehen der »Diesel«-Schriftzug an der Motorhauben-Seitenfläche hinter der Zierleiste.

trat 1952 die Montanunion in Kraft, ein europäischer Wirtschaftsverbund für Kohle und Stahl ohne Zollgrenzen. Zuvor aber reagierte Ford - wie die anderen Hersteller auch – im Februar 1951 mit einem »Materialzuschlag«, nämlich zehn Prozent auf den Listenpreis. Und weil das nicht reichte, kam noch ein Kautschukzuschlag für die Bereifung hinzu. Üble Zeiten damals!

Die eklatante Benzinkrise machte es für Ford zusätzlich schwierig, war doch kein Diesel im Programm. Auf die Schnelle lieferte Ford 1950 als externes Zubehör Kämper-Dieselmotoren für den 3-Tonner. Aber das war nur eine Übergangslösung. Durch die Benzinbewirtschaftung bis 1950 wurde der Diesel beliebter, weil Diesel eher verfügbar war und durch den Korea-Krieg bekam der Diesel einen zusätzlichen Aufschwung. Nicht technische Überlegungen führten zu dem Wandel. Im Editorial schreibt Das Nutzfahrzeug in Heft 5/1950: Es »wird sich zeigen, daß der mittelstarke Dreitonner mit Vergasermotor erheblich billiger ist als mit Dieselmotor, daß seine laufende Wartung niedrigere Kosten erfordert, sogar preislich sehr günstig wird, wenn man an das z. B. bei Ford erstklassig entwickelte Austauschsystem denkt. Ein derartiges schnell arbeitendes (...) System ist beim Dieselmotor überhaupt noch nicht eingeführt.« Das Fachblatt rechnete Modellrechnungen vor, nach denen in der 3-Tonner-Klasse der Benzin- und ab der 5-Tonner-Klasse der Dieselmotor wirtschaftlicher sei. Daimler-Benz, selbst ausschließlich mit Dieselaggregaten in diesem Tonnagesektor mit dem L3500 unterwegs, entgegnete mit einer eigenen Modellrechnung zugunsten des Diesels. Unbestritten war, dass der Benziner in der Anschaffung deutlich günstiger war als der Diesel.

Doch die Benzinpreise stiegen und stiegen. Lastwagen mit Benziner waren in Westdeutschland schlichtweg nicht mehr verkäuflich, sodass sich Ford 1951 dazu entschloss, zusätzlich zum Vierzylinder-Benziner und dem V8 einen Hercules-Wirbelkammerdiesel mangels Eigengewächses anzubieten, den Ford FK 3500 D. Der 4018-cm³-Hercules-Diesel mit 90 PS ist eine amerikanische Konstruktion, er wurde in Deutschland von der Knorr-Bremse in München in Lizenz gefertigt und mit einer Bosch-Einspritzanlage versehen. Bei ihm wurde die Wirbelkammer direkt in den Zylinderblock verlegt. Dadurch hatte der Motor eine für einen Diesel eher geringe Verdichtung (15:1), was ein weicheres Verbrennen bedingt und dadurch für einen eher leisen Motorlauf sorgt. Dieser Diesel erwies sich als nicht dauerhaft, er bewährte sich nicht gut, manche Exemplare hielten gerade mal 20.000 Kilometer. Das schadete dem Ruf der Ford-Diesellastwagen. Obendrein war der V8 in der Anschaffung um ein Drittel billiger als der Diesel. Preise 1951: 3,5-Tonner-Diesel 14.585 D-Mark, 3,5-Tonner-V8 10.075 DM, 3-Tonner-Vierzylinder 9375 DM und 2-Tonner 7985 DM.

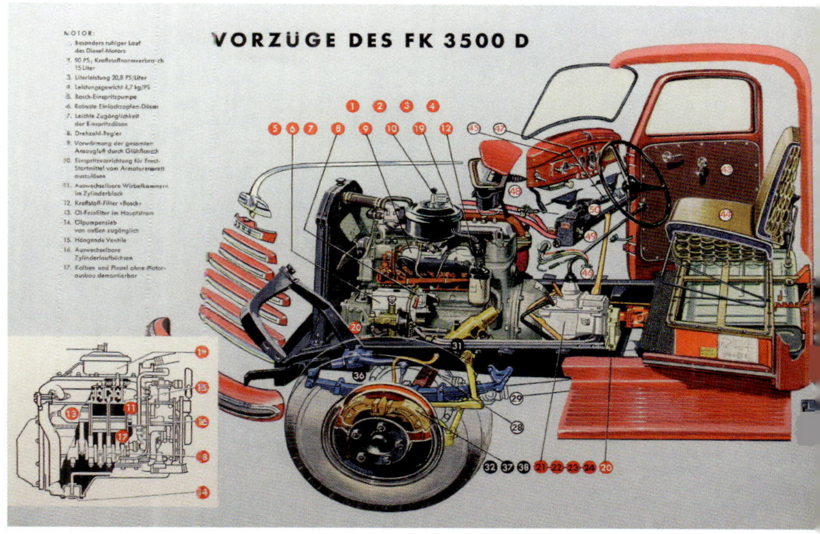

Walter Gotschke durfte nicht nur Außenansichten von Autos zeichnen, sondern auch Schnittmodelle. Ford zählt die Vorzüge des FK 3500 D auf.

Und diese Motordarstellung ist ebenfalls keine Fotografie, sondern eine Gotschke-Zeichnung.

Das Heizen war in den 50ern natürlich ein Thema, wie heute auch. Damals waren in Vorkriegsbauten Kohleöfen, Neubauten heizten zentral mit Öl und Altbauten wurden peu-à-peu von Kohle- auf Öleinzelöfen umgestellt. Der Brennstofflieferant musste also beides transportieren und hatte dafür kombinierte Spezialfahrzeuge. Im unteren Bereich ein Heizöltank, hinten die Anschlüsse dafür, darüber eine Hochpritsche zum Transport von Kohlesäcken. Hier unbeladen und verschlossen...

...und hier dasselbe Fahrzeug in Demonstrationsposition. Es zeigt seine Armaturen und die Schlauchhaspel, auf der Pritsche Kohlesäcke, Benzinkanister und drei Ölfässer. Der Aufbau stammt von Stadler in Neu-Ulm.

PERSONEN- UND KASTENWAGEN

TAUNUS
4-Zyl. 1,2 Liter, 34 PS

CABRIOLET-CHASSIS m. Lenkradschaltung u. Blinker

Bereifung: 5-fach 5.90 - 15	DM	4710.–
Kautschuk-Zuschlag	DM	150.–

KASTENWAGEN-CHASSIS m. Lenkradschaltung u Blinker

Bereifung: 5-fach 5.50 - 16	DM	4710.–
Kautschuk-Zuschlag	DM	150.–

KASTENWAGEN (grundiert) m. Lenkradschaltung u. Blinker

Bereifung: 5-fach 5.50 - 16	DM	6095.–
Kautschuk-Zuschlag	DM	177.–

TAUNUS «12 M»
4-Zyl. 1,2 Liter, 38 PS

LIMOUSINE 2-türig m. Lenkradschaltung u. Blinker

Bereifung: 5-fach 5.60 - 13	DM	7350.–
Mehrpreis für Bereifung 5-fach 5.90 - 13	DM	31.–

Sonderausstattung für Taunus «12 M»

RADIO BLAUPUNKT Typ A-51 FA 4 Röhren, Zubehör eingebaut	DM	338.–
KLIMAANLAGE (Behr) eingebaut	DM	185.–

LASTKRAFTWAGEN

1,5 to „FK 2000"
4-Zyl. 3,2 Liter, 52 PS

CHASSIS m. Windlauf	DM	6785.–
CHASSIS m. Fahrerhaus	DM	7485.–
Bereifung: 7-fach 6.00 - 20		
Kautschuk-Zuschlag	DM	334.–

2 to „FK 2000"
4 Zyl. 3,2 Liter, 52 PS

CHASSIS m. Windlauf	DM	7045.–
CHASSIS m. Fahrerhaus	DM	7745.–
Bereifung: 7-fach 6.50-20		
Kautschuk-Zuschlag	DM	435.–

3 to „FK 3000 BB"
4-Zyl. 3,2 Liter, 57 PS

CHASSIS m. Windlauf	DM	8150.–
CHASSIS m. Fahrerhaus	DM	8975.–
Bereifung: 2-fach 6.50 - 20		
„ 5-fach 7.50 - 20		
Kautschuk-Zuschlag	DM	654.–
Mehrpreis bei größerer Bereifung 7-fach 7.50 - 20	DM	128.–
Kautschuk-Mehrzuschlag für größere Bereifung	DM	87.–

3,5 to „FK 3500 V-8"
8-Zyl. 3,9 Liter, 95 PS

CHASSIS m. Windlauf	DM	10105.–
CHASSIS m. Fahrerhaus	DM	10930.–
Bereifung: 7-fach 7.50 - 20		
Kautschuk-Zuschlag	DM	741.–

3,5 to „FK 3500 D"
6-Zyl. 4,1 Liter, 94 PS

CHASSIS m. Windlauf	DM	13360.–
CHASSIS m. Fahrerhaus	DM	14185.–
Bereifung: 7-fach 7.50 - 20		
Kautschuk-Zuschlag	DM	741.–

Diesel-Langrahmen-Fahrgestell
6-Zyl. 4,1 Liter, 94 PS

Radstand 4.800 mm		
Bereifung: 7-fach 8.25 - 20	DM	17940.–
Kautschuk-Zuschlag	DM	1076.–

Alle Preise ab Werk Köln
Änderungen vorbehalten

Die Preisliste vom Januar 1952 belegt den Kautschuk-Zuschlag für die Reifen. Damals war der Weltkugel-12m nagelneu und der Lieferwagen basierte noch auf dem Buckel-Taunus.

Und dann kam noch ein technisches Moment hinzu: Waren der 94-PS-Diesel und der 100-PS-Benziner zwar nominell ungefähr gleich stark, so fehlten dem Diesel ganz einfach die Bulligkeit, Durchzugsstärke und Laufruhe des V8.

Mitte der 50er Jahre verringerte sich der Preisunterschied zwischen Diesel und Benzin merklich, was dem Ottomotor im Schnell-Lastwagen wieder mehr Attraktivität verlieh. Damals, genau zum 1. Juni 1956, waren in Westdeutschland 41.302 Ford-Lastwagen zugelassen, was 7,2 % des Lkw-Bestandes ausmachte. Zum Vergleich: der Opel Blitz nahm 13,3 % für sich in Anspruch. Das zeigt: Der Ford-Lastwagen bewegte sich in der 3-Tonner-Schnell-Lastwagen-Sparte schon damals auf absteigendem Ast, der Opel hatte ihn längst überholt. Werner Oswald, in seiner damals typischen Ablehnung für Kölner Produkte, schreibt von »kümmerlichen Verkaufszahlen«, die ohnehin nicht durch freien Verkauf erzielt worden seien, sondern durch Behörden- und Militäraufträge: Jeder dritte Ford-Lastwagen und -Omnibus sei an die Besatzungsmächte oder später an die Bundeswehr gegangen, »erreicht durch ausgesprochene Billigangebote.« Daraus schließt er: »Ohne diese Behördengeschäfte wäre der Lastwagenbau (...) vermutlich schon sehr viel früher zum Erliegen gekommen.« Oswald konnte die Marke Ford nicht leiden. Das weiß man in Ford-Kreisen.

Im Vorfeld der Nato-Ziege: Allrad-Diesel aus Köln

Vom Bundeswehr-Auftrag, einen Militärgeländewagen zu bauen, konnte Ford 1952 nichts gewusst haben. Ganz Deutschland wusste 1952 noch nicht, dass es eine westdeutsche Armee geben sollte. Dabei hatte seit Ende 1950 das Amt Blank bestanden, genannt nach seinem Behördenleiter Theodor Blank, der 1955 zum ersten Bundesverteidigungsminister wurde. Die Arbeit des Amtes Blank, das die westdeutsche Wiederbewaffnung vorbereitete, stand im

Widerspruch zum damaligen offiziellen Willen der Kriegssieger (und auch weiten Teilen der westdeutschen Bevölkerung), wonach Deutschland ein entmilitarisiertes Land bleiben sollte. Der zunehmende West-Ost-Konflikt brachte ebenso ein Umdenken, wie der Ausbruch des Korea-Krieges und die Gründung der »Kasernierten Bereitschaften« in der DDR. Außerdem ist die Existenz einer eigenen Armee ein wichtiger Schritt eines Staates zur Erlangung der Souveränität. Erster Schritt war der paramilitärische Bundesgrenzschutz 1951, 1955 erfolgten zuerst der NATO-Beitritt, dann die Gründung der westdeutschen Armee, die seit 1956 Bundeswehr heißt.

Die Entwicklung eines Allrad-Lastwagens in Köln ging also nicht auf militärische Forderungen zurück – und wenn, dann mit dem Export im Blick. Mit Serien-Fahrerhaus erschien 1952 der bekannte FK 3500 mit Allradantrieb, für den Heimatmarkt ausschließlich als Diesel (FK 3500 DA), im Export auch mit dem V8-Benzinmotor (FK 3500 V8 A). Damit reagierte Ford auf den Wunsch vor allem aus dem Baugewerbe nach einem 3,5-Tonner-Allradkipper, denn der Lastwagen muss direkt hinter dem Bagger in die Baugrube fahren können und auch wieder herauskommen. Das konnte Opel nicht liefern. Gerne hätte das Baugewerbe einen dem Weltkriegs-Blitz-3-Tonner mit Allradantrieb entsprechendes Zivilfahrzeug gehabt. Sieben Jahre nach Kriegsende waren die übrig gebliebenen Bestände an Allrad-Lastwagen wirtschaftlich verbraucht, Ersatz war nötig. Was von Opel erwünscht war, lieferte nun Ford.

An das übliche Viergang-Getriebe wurde ein Zwischengetriebe mit Reduktion (1,87 : 1) angebaut, somit zwei Kardanwellen, eine zur Hinter- und eine zur Vorderachse. Der Vorderradantrieb konnte während der Fahrt ein- und ausgeschaltet werden. Auf ein Sperrdifferenzial verzichtete Ford. Mit dieser 4x4-Technik, jedoch dem V8-Benziner statt des Diesels, entwickelte Ford die Nato-Ziege, also den Bundeswehr-3-Tonner.

Für die Bundeswehr: die Nato-Ziege

Bei der Motorisierung der Bundeswehr sollten, aus den Erfahrungen des Krieges lernend, keine Spezialkonstruktionen verwendet werden, sondern militärische Ableitungen bestehender Zivilfahrzeuge. Die Bundeswehr kategorisierte ihre Lastwagen in Tonnageklassen, ging bei den Bezeichnungen aber, wie vor und im Krieg üblich, von der Nutzlast aus, nicht vom zulässigen Gesamtgewicht. So hatte der MAN 5-Tonner eben fünf Tonnen Nutzlast, sein zulässiges Gesamtgewicht hingegen betrug 13 Tonnen. Im zivilen Leben hätte man ihn also als 13-Tonner bezeichnet. Das Amt Blank als Vorgängerorganisation des Verteidigungsministeriums machte Ausschreibungen, die deutsche Automobilindustrie beteiligte sich, und die meisten Firmen erhielten Aufträge. Außen vor blieben weitgehend Volkswagen (weil sich Heinrich Nordhoff weigerte, einen Kübelwagen-Nachfolger auf Käfer-Basis zu entwickeln) und Opel (dessen ¾-Tonner-Kübelwagen auf Blitz-Basis von Borgward ausgestochen und unterboten wurde). Diese beiden wurden dann, so weit möglich, bei handelsüblichen Fahrzeugbeschaffungen bedacht, VW lieferte Bullis, Opel Limousinen als Stabsfahrzeuge. Den 3-Tonner-Lastwagen der Bundeswehr baute Ford und hatte ja bereits gute Erfahrungen in dieser militärischen Tonnageklasse.

Für den 3-Tonner bewarben sich Hanomag (zu leistungsschwach), Borgward (zu teuer kalkuliert), Daimler-Benz, Magirus-Deutz (deren Kapazitäten für schwerere Tonnageklassen benötigt wurden) und Ford. Werner Oswald sagt, der Ford mit Spitznamen Nato-Ziege sei bei der Fahrzeug-Erstausstattung der Bundeswehr das schwächste Glied gewesen und habe sich nicht bewährt. Der Allrad-Laster (Vorderradantrieb zuschaltbar) ohne Sperrdifferenzial, aber mit Reduktion wurde zwischen 1956 und 1961 in 8028 Exemplaren gebaut, davon rund 6800 für die Bundeswehr und andere Armeen, der Rest für THW und DRK. Sein Antrieb war mitnichten der Zweitakt-Diesel der zivilen Ford-Lastwagen, sondern der auf 92 PS erstarkte 3,9-Liter-V8 aus Vorkriegstagen: zusätzlich zur Öldruckbremse eine Zweileitungs-Druckluft-Bremshilfe. In der Praxis bewährte er sich nicht besonders. Der Ford neigte wegen schmaler Spur und hohem Schwerpunkt in Kurven zum Umkippen und war wegen fehlender Servolenkung nur mit viel Muskelschmalz zu manövrieren. Im Gelände hoppelte die Version mit Pritsche unangenehm herum, denn sie musste auf Stoßdämpfer verzichten, diese trugen nur die Kofferlastwagen. Weiteres Manko: mangelnde Verwindungssteife des Fahrgestells. Die Soldaten nannten ihn Nato-Ziege wegen seines Motorengeräuschs, die Bundeswehr sprach vom Lkw 3 t gl (4x4) und Ford vom Typ G 398 SAM.

Auch die ersten Bundeswehr-Omnibusse kamen von Ford, gleiche technische Basis, aber natürlich

Der Bundeswehr-Ford mag schwierig zu fahren gewesen sein und er mag eine Tendenz zum Kippen gehabt haben. Aber es ist offensichtlich: Werner Oswald schrieb die Nato-Ziege in seinem erstmals 1970 erschienenen Standardwerk über Militärfahrzeuge schlecht, und weil jeder ungeprüft die Meinung des Meinungsmachers übernimmt, ist kaum irgendwo ein freundliches Wort über dieses Fahrzeug zu lesen. Denn für jeden Nachgeborenen gilt: Wer Werner Oswald widerspricht, macht sich verdächtig und diskreditiert sich selbst.

Die Nato-Ziege in einer späten Version mit Außenspiegeln an den Türen. Frühe Exemplare trugen sie an den Peilstangen und verloren sie, sobald sie im Gelände einem harmlosen Gebüsch zu nahe kamen. Der Ford G 398 gehört zur Erstausstattung der Bundeswehr, ebenso wie der folgende Mercedes LG315/46 und, hinten im Konvoi, der Borgward B 2000 A/O.

Werbung in »Das Nutzfahrzeug« vom November 1954.

nur Hinterradantrieb, gleicher Motor, Aufbauten von NWF in Wilhelmshaven, rund 1000 Exemplare angeschafft in den Jahren 1955/56. Überdies lieferte Ford den FK 1000 Transporter als Kleinbus und Krankenwagen. Das blieb auch später so, der Kurzhauber-Transit ab 1965 trug ebenfalls Oliv.

Die ersten ausgelieferten Nato-Ziegen trugen ihre Außenrückspiegel an den Peilstangen auf den Kotflügeln, wo sie beim ersten Geländeeinsatz abhanden kamen, und die Rückstrahler hingen an Ketten, weshalb ihnen dasselbe Schicksal widerfuhr. Das änderte Ford rasch. Die Ford 3-Tonner hatten zumeist Pritschenaufbauten (5446 Stück) zum Material- und Mannschaftstransport und Kofferaufbauten (2582 Stück, gebaut bei Peter Bauer in Köln) für Wartungs- und Instandsetzungstrupps, als rollendes Geschäftszimmer, Feldküche, Kartenstelle oder als Funkwagen. Sein Fahrerhaus entsprach dem damaligen militärischen Stil, den auch der viel mehr verbreitete MAN 5-Tonner trug: Ein Torpedofahrerhaus (vulgo: ein Lastwagen-Cabriolet) ohne jegliche Rundungen, aber auch ohne sichtbare Sicken zur Blechstabilisierung. Diese offenen Fahrerhäuser waren eine militärische Eigenheit, die durchaus Sinn ergab. Wenn man bei einem Pritschenwagen Plane und Spriegel demontiert sowie am Fahrerhaus das Verdeck zurück- und die Windschutzscheibe vorklappt, wird der Militärlastwagen so niedrig, dass er die erforderliche Höhe für Schiffsverfrachtung oder Lufttransport erreicht. Es ging dabei also mitnichten um Cabrioleteffekt für Soldaten an schönen Sommertagen!

Die Bundeswehr erteilte keine Folgeaufträge, aber die Armeen der Türkei und Israels orderten in Köln weitere Nato-Ziegen. Bei der Bundeswehr wurden die Ford Mitte der 70er Jahre ausgemustert. Sie hielten sich also rund 20 Jahre. Die MAN 5-Tonner wurden deutlich älter und waren bis Ende der 80er Jahre im Bundeswehr-Einsatz.

Das unbekannte Wesen: der 4-Tonner Ford FK 4000

Höhere Tonnageklasse, komplett neu gestaltetes Fahrerhaus und erstmalig im deutschen Lastwagenbau eine Eaton-Doppelschalt-Hinterachse: Der Ford FK 4000 ist das unbekannte Wesen in der Ford-Lastwagen-Historie. Er war kein Erfolg, wurde nur kurz von 1954 bis 1956 gebaut, die Stückzahlen hielten sich in Grenzen. Er ist schlichtweg nicht im kollektiven Gedächtnis erhalten geblieben.

Während die von Ford traditionell besetzte 3-Tonner-Klasse eher den Bereich der Schnell-Lastwagen abdeckte und somit hauptsächlich den Nahverkehr bediente, war die 4-Tonner-Klasse in den 50ern der Allrounder, interessant sowohl für den gewerblichen Nahverkehr wie für den Fernlastverkehr. Der V8-Motor blieb mit 100 PS unverändert, beim Hercules-Diesel wurde der Hubraum auf 4462 cm³ erhöht, 95 statt bisher 90 PS, nach wie vor niedrig verdichtet (16,2 : 1) und somit relativ laufruhig und erschütterungsfrei. Vier- oder Fünfganggetriebe, wobei die Version mit Vierganggetriebe eine interessante technische Besonderheit aufweist, nämlich die Eaton-Doppelschalt-Hinterachse mit zwei wechselnden Übersetzungen, die während der Fahrt in jedem Getriebegang mittels Druckluft eingeschaltet werden können. Durch ein Planetengetriebe in der Achse konnte der Fahrer also wählen, ob er eine höhere Endgeschwindigkeit in der Ebene benötigt oder eine bessere Bergsteigefähigkeit. Und wenn er es »sportlich« liebte, konnte er die Bergübersetzung auch in der Ebene nutzen und hatte dann eine

Zeitgenössische Aufnahmen eines FK 4000 im Alltag sind selten. Denn der Lastwagen blieb selten: ab September 1953 als V8 7093 Stück und 1673 Diesel, zusammen also 8766 Exemplare. Lastzug der Hannoveraner Gilde-Brauerei mit »Bierkutscher«.

merklich bessere Beschleunigung. Der Wählhebel zum Umschalten der Hinterachsübersetzung ist unter dem Armaturenbrett links vom Lenkrad untergebracht – nicht gerade griffgünstig.

Ford offerierte vier Typen, Diesel (FK 4000 D) oder V8-Benziner (FK 4000 S) in zwei Radstandlängen (4013 oder 4404 mm). Das Fahrgestell übernahm der neue Große vom Kleineren, U-Profil-Rahmen, starre Vorderachse mit Blattfedern und Hebelstoßdämpfern, hintere Starrachse mit Zusatzfedern, Öldruckbremse mit Druckluftverstärkung. Eine Motorbremse hatte auch dieser neue Ford nicht, wie bisher kein Ford-Lastwagen. Im Test vermerkte die Zeitschrift »Das Nutzfahrzeug« in Ausgabe 11/1954, der Ford erwecke »den Eindruck eines Lkw mit Pkw-Komfort« und seine Lenkung sei so leichtgängig, dass sie Ford erlaubte, »ein Lenkrad in Pkw-Größe zu verwenden« – wobei Pkw-Lenkräder damals weit größer als heute waren. Ebenfalls ein interessantes Merkmal: Der Tank hing am Fahrerhaus, nicht am Fahrgestell, und war somit weniger Vibrationen ausgesetzt.

Während sich deutsche Ford-Fahrerhäuser schon seit Vorkriegszeiten durch einteilige Windschutzscheiben auszeichneten, bedeutete der FK 4000 mit geteilter Frontscheibe in dieser Hinsicht einen Rückschritt. Das Fahrerhaus war zwar 4 cm breiter als beim 3,5-Tonner und bot somit drei nebeneinander Sitzenden Platz. Aber dadurch wäre eben auch die einteilige Frontscheibe so breit geworden, wie es die damalige Technik offenbar nicht zuließ. Anders ist der Rückschritt zur geteilten Windschutzscheibe nicht zu erklären - zumal die letzte Generation des 3,5-Tonners im Folgejahr 1955 sogar eine gewölbte, einteilige Scheibe erhielt. Das Fahrerhaus war eine Kölner Entwicklung und mitnichten identisch zur ungefähr gleich großen Kabine des britischen Ford Thames ET (1949 bis 1957). Ford presste es nicht selbst, es war ein Zulieferteil des Karosseriewerkes Weinsberg. Der fast quadratische Kühlergrill zeigte Familienähnlichkeit mit demjenigen des FK 1000 Transporters - kein Wunder, stammte das Styling auch aus derselben Hand des damaligen Ford-Chefdesigners Arno Kersting. Die Vorderkotflügel übernahm der FK 4000 vom bisherigen FK 3500. Vorgestellt wurde der FK 4000 im Juni 1954 anlässlich eines Besuchs von Konzernchef Henry Ford II im Kölner Werk. Gleichzeitig wurde der 100.000ste Weltkugel-Taunus gefeiert, der vom Band lief.

Trotz guter Kritiken war der Ford FK 4000 nicht erfolgreich. Offenbar war die Marke Ford in dieser Klasse, weil nicht etabliert, keine Alternative. Dennoch bekam er einen Nachfolger, den FK 4500 mit der letzten Ford-Normkabine ab 1956.

Neuwagen, Profiaufnahme, Werksfoto von Stadler in Neu-Ulm: FK 4000 Pritschenwagen mit aufgesetztem Heizöltank. Dieser war abnehmbar; so konnte der Lastwagen auch anderweitig genutzt oder als Gebrauchtwagen als neutraler Pritschenwagen weiterveräußert werden.

Nicht viele FK 4000 haben überlebt. Wenige schon. Umso schöner, sie auf Nutzfahrzeugtreffen zu sehen. Aufnahme eines sehr schön restaurierten Exemplars 1993 im mittelfränkischen Wörnitz.

Zurück zu den Anfängen: Köln importiert Traktoren

Es gab Zeiten während der Fahrzeug-Importbeschränkung und protektionistischen Zollmaßnahmen in den 20er Jahren, da konnte Ford in Deutschland nur mit amerikanischen Fordson-Traktoren überleben, die uneingeschränkt eingeführt werden durften. Ende 1954 nahm Köln den Traktor-Import wieder auf, den Fordson Major aus dem englischen Ford-Werk, angetrieben von einem 40-PS-Diesel mit Direkteinspritzung. Der Name Fordson geht übrigens auf ein Subunternehmen Henry Fords zurück, das er zusammen mit seinem Sohn Edsel 1916 gegründet hatte, also Ford & Son, seit 1920 in die US-Ford-Werke integriert. Produktion bis 1928 in den USA, danach im britischen Dagenham. Auch einige britische Ford-Lastwagen wurden unter dem Namen Fordson vermarktet. Ford verkaufte seine Landmaschinensparte 1991 an Fiat. Seither tragen Fiat- und Ford-Traktoren den Namen New Holland. Der Fordson E27N Major, von Bauern respektvoll »High Henry« genannt, wurde ab Ende 1951 gebaut, ab 1953 mit Dieselmotor, lackiert in Empire-Blue mit orangefarbenen Felgen. Die Major-Serie gab es bis 1964, dann wurde die Traktorproduktion von Dagenham in eine neue Fabrik in Basildon/Essex verlegt, eine neue Traktor-Generation namens Dexta, Super Dexta, major und Super Major erschien, der Name Fordson wurde aufgegeben. Diese Serie wurde bis 1968 importiert, die Traktoren kamen aus dem belgischen Ford-Werk in Antwerpen.

Ford 2000 Dexta, zwischen 1964 und 1968 gebaut, für den deutschen Markt aus Belgien importiert. Das Foto zeigt einen originalen Engländer aus Basildon, frühes Modell, zwar ohne erkennbaren Luftschnorchel und mit nach unten geführtem Auspuff, aber definiert durch die zweigeteilte Frontmaske.

Die letzte Generation: Der Ford-Lastwagen 1956 bis 1961

Das BB-Chassis erfuhr letztlich nur eine tief greifende, konstruktive Veränderung während seines langen Lebens. Das war 1942, als die vordere Querblattfeder durch zwei längs angeordnete Blattfedern ersetzt wurde. Ansonsten war es nach wie vor identisch zum Chassis des Ford BB von 1932. Im gleichen Jahr debütierte in den USA auch der »Flathead-V8«-Motor, seit 1937 in deutschen Ford-Lastwagen zuhause. Ihm wurde zwar Pflege zuteil, er wurde stärker und schaffte es zuletzt bis zur magischen 100-PS-Marke. Aber im Grunde war der Ford Lastwagen Mitte der 50er Jahre ein uralter Hund, wenngleich ungemein ausgereift, und er wurde nur mit neuen Kabinen modisch gehalten. Modisch - aber eben nicht modern. So hatte er bis zuletzt keine Motorbremse, was längst Stand der Technik war.

Ein letztes Mal wurde der Ford Lastwagen einer Wellnesskur unterzogen und bekam ein neues Fahrerhaus. Der Unterschied zwischen den Schnell-Lastwagen und dem 4-Tonner wurde aufgegeben, alle Ford hatten nun ein neues Einheitsfahrerhaus. Und das war tatsächlich komplett neu, nicht nur ein modernisierter Vorbau wie zuletzt bei der vergangenen Generation ab 1951. Die Kabine war eine völlige Neuentwicklung, das Design von Arno Kersting eine Mischung aus Kraft und Freundlichkeit, die Kühlermaske mit zwölf vertikalen Schlitzen (»Haifischzähne«, damals topmodisch), das Aussehen nicht unbedingt lastwagentypisch, sondern eher Pkw-orientiert, wenngleich es keine Familienähnlichkeit zu einem anderen Ford gab. Das Armaturenbrett war gut bestückt und wies, ebenfalls ungewöhnlich damals, eine Autosteckdose auf. Hier konnte der Fahrer im Sommer beispielsweise einen »Auto-Quirl« einstecken, ein dank Kugelgelenk drehbarer Ventilator von Behr (»in fünf Farbtönungen lieferbar«). Die Fahrerhäuser wurden wieder bei NWF hergestellt.

Präsentiert wurde der Neue auf der IAA 1955, Auslieferung ab Anfang 1956. Der Vierzylinder-Ben-

Die Typbezeichnung in Chromlettern zwischen Haube und Grill: Ford FK 3500 Diesel. Das Fahrgestell seit Vorkriegszeiten bewährt (aber eben auch auf Vorkriegsstand), die Kabine topmodisch und schön anzusehen.

ziner wurde ersatzlos aufgegeben, Ford produzierte also nach 23 Produktionsjahren keinen Typ BB mehr. Es gab drei Nutzlastklassen und zwei Motoren: Die 2,5-Tonnerklasse bediente der FK 2500 D (Diesel) und FK 2500 V8 (Benziner), die 3,5-Tonnerklasse versorgte Ford mit dem FK 3500 D (Diesel) und FK 3500 V8 (Benziner), den großen FK 4000 ersetzte

Erneut ein Fahrzeug für kombinierten Transport von Heizöl und Kohlensäcken, Aufbau Stadler in Neu-Ulm. Derartige Wagen waren bis in die frühen 70er Jahre unterwegs. Dann war die Kohleheizung so weit ausgestorben, dass sich im Alltag kein Kombinationswagen mehr rentierte. Dann gab es entweder Heizöltankwagen oder Pritschenwagen, die noch Kohlensäcke geladen hatten.

fortan der FK 4500 D (Diesel), den es auch als Allradler gab, aber nicht als V8. Der altbekannte, seitengesteuerte V8-Motor wurde unverändert übernommen, mittlerweile 3924 cm³ mit 100 PS.

Hans List aus Graz war damals ein angesagter Motorentechniker und auf den Diesel spezialisiert. Vor dem Krieg lehrte er an Universitäten, danach machte er ein Ingenieurbüro auf und entwickelte im Kundenauftrag. Sein Konstruktionsbüro hieß »Anstalt für Verbrennungsmotoren Prof. Dr. Hans List«, das es innerhalb kurzer Zeit zum weltweit renommierten Unternehmen brachte. Ihn zu beauftragen, schien Ford nicht nur opportun, sondern auch progressiv zu sein. Ford wollte, nachdem die Motoren bislang allenthalben als veraltet gescholten wurden, einen hochmodernen Motor von List haben. Das ging gehörig schief! List entwickelte einen neuen Wirbelkammer-Dieselmotor, einen ventillosen Zweitakter mit durch Roots-Gebläse unterstützter Umkehrspülung, als V4- und V6-Aggregate mit kurzer Baulänge. 2,8-Liter-V-Vierzylinder (80 PS) für den 2,5-Tonner, 4,2-Liter-V-Sechszylinder (100 PS) für den 3,5-Tonner und mit 120 PS für den 4,5-Tonner, der damit einer der stärksten seiner Klasse war. Bei der Vorstellung des Neuen sprach die Fachpresse bezüglich des Übergangs vom Vier- zum Zweizylinder-Diesel von einem »Schritt von weitreichender Bedeutung« und rechnete den FK 4500 zu den »leistungsstärksten Fahrzeugen des europäischen Nutzfahrzeugbaus« mit einem Leistungsgewicht von 28,6 PS pro Liter Hubraum (Stephan v. Szénásy in Das Nutzfahrzeug). Es schien bei der Präsentation, als ob Ford sein jahrelanges Hinterherhecheln in Sachen Lastwagenbau ins Gegenteil umgekehrt und eine Pionierleistung vollbracht hätte. Erste Kritiken waren also hervorragend, die Leistungsfähigkeit dieses Dieselmotors wurde mit der eines Ottomotors verglichen. Seine 80-km/h-Höchstgeschwindigkeit erreichte der FK 4500, ein voll beladener Kipper mit 8,5 Tonnen Gesamtgewicht, im Test in 51,8 Sekunden.

In der Praxis bewährte sich der List-Motor nicht, er überhitzte häufig, die Zylinderlaufbahnen verformten sich. Zeitweise überstieg die Zahl der Reklamationen diejenige der Neufahrzeuge, und Ford stellte temporär den Bau der Motoren ein, um die Generalüberholungen im Werk durchführen zu können. Ende 1957 beendete Ford die List-Dieselmotorfertigung, es blieb der V8. Der letzte Kölner Ford-Lastwagen verabschiedete sich also genau so, wie er sich seinerzeit vorgestellt hatte: mit einem Ottomotor.

Der FK 4500 mit seinem 120-PS-Zweitakt-Diesel trat die Nachfolge des FK 4000 an. Mit ihm versuchte sich Ford im Fernverkehrsbereich zu etablieren.

Im besten Stil der Mitt-50er gehalten, keinerlei Ecken und Kanten, alles rund, auch am Aufbau (von Kässbohrer), ein 4,5-Tonner-Diesel.

Der **»Kleine«** war in der letzten Generation eher ein Auslaufmodell, ein 2 ½-Tonner für den Nahverkehr, also ein Zubringer-Lastwagen, häufig als Möbel-, Nahrungsmittel- oder Getränke-transporter verwendet.

Ford lieferte den Laster wieder in zwei Radstandvarianten (3900 und 4370 mm), synchronisiertes Vier- oder unsynchronisiertes Fünfganggetriebe, vom Karosseriewerk Eylert kamen Frontlenkerumbauten. Mitte 1956 folgte die Allrad-Variante des 4,5-Tonners, auch wieder eine progressive Neuerung, nämlich der Freilauf. Aber das war eine gute Entwicklung! Bislang hatte der Fahrer (nach seiner Entscheidung) den Vorderradantrieb zugeschaltet und abgeschaltet. In der Praxis wurde häufig mit 4x4 gefahren, obgleich nicht notwendig, wodurch die Mechanik und die Reifen übermäßigem Verschleiß ausgesetzt waren. Dieser Fahrerwillkür ein Ende setzte der Freilauf von Ford, eine Art »Überholratsche«, eingebaut zwischen Verteilergetriebe und nach vorne führender Kardanwelle. Kraftschlüssig ist die Verbindung, wenn die Hinterräder Schlupf haben. Sobald sie aber wieder Schubkraft bekommen, schaltet die Überholratsche den Kraftfluss nach vorne automatisch ab. Eine geniale Lösung, der erste Schritt zur schlupfabhängigen Regulierung der Kraftverteilung.

Der neue FK 4500 war nicht sonderlich erfolgreich, 1956 Produktion 2760, 1957 nur 1767 Exemplare. Der FK 3500 brachte es auf 3069 (1956) bzw. 4293 (1957) Stück. Erfolgloser war der FK 2500 mit 882 Fahrzeugen 1956 und 514 im Jahre 1957. Im letzten Jahr 1961: vier FK 4500 und neun FK 3500. Ein jämmerliches Ende! Zum Vergleich: In jeder Tonnageklasse brachte es der Opel Blitz in dieser Zeit auf jeweils fünfstellige Produktionszahlen.

Mehrere Aspekte sorgten 1961 für das Aus des Ford-Lastwagenbaus, der einstmals so fabelhaft gelaufen war. Ford hielt viel zu lange an der Vorkriegskonstruktion fest, die nur modernisiert wurde. Manche technische Lösungen waren gut und fortschrittlich (Freilauf, Eaton-Hinterachse), manche waren zu progressiv und dabei unausgegoren (List-Motor), und in Sachen Diesel war auch eine gehörige Portion Pech im Spiel. Zudem war es ein Fehler, zu viele Lastwagenkomponenten von externen Zulieferern fertigen zu lassen, wodurch sie

Der List-Diesel war nur kurz im Programm, und als diese Werbung im Dezember 1957 erschien, lief seine Produktion gerade aus.

Militärischer FK 4500 D Sattelzug für die englischen Besatzungsbehörden mit Kässbohrer-Sattelauflieger. Gut zu sehen der »Diesel«-Schriftzug seitlich zwischen Motorhaube und Türe.

Kombinierte Werbung vom April 1958 mit FK 1000 Transporter und FK 4500, also das kleinste und das größte Ford-Nutzfahrzeug.

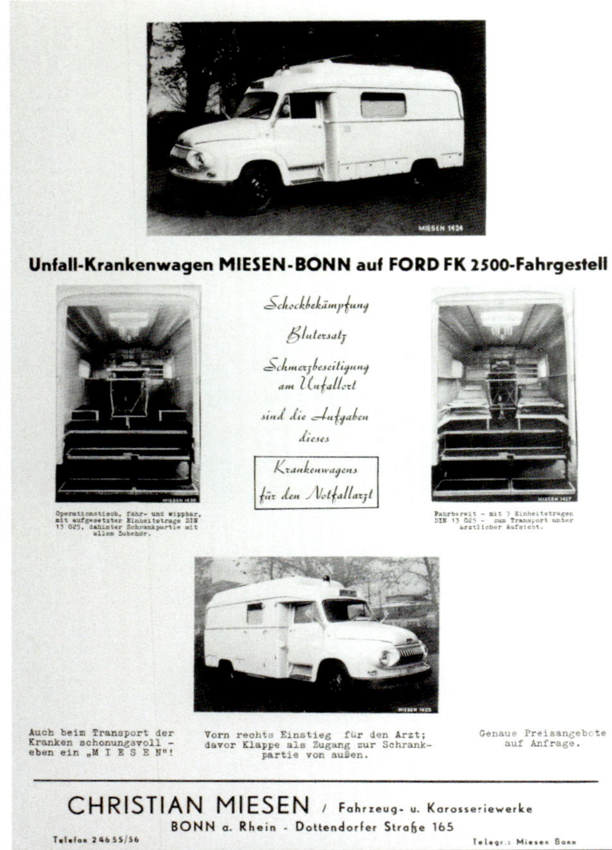

In Fachkreisen für große Aufmerksamkeit sorgte dieser FK 2500 Krankenwagen, entwickelt von Miesen zusammen mit dem Direktor der Chirurgischen Klinik Köln und dem HUK-Verband: Ein Krankenwagen zur Rettung Schwerverletzter, mit allem ausgestattet, um die Atmung und den Kreislauf zu reanimieren, kleinere Operationen durchzuführen, selbst Blutkonserven zu verwenden - quasi der Vorgänger des Rettungswagens. Damals war der Rettungsdienst eigentlich nur zum Transport, aber nicht zur Rettung Verletzter und Kranker ausgerüstet. Das setzte sich erst in den 70er Jahren durch. Miesen-Prospektblatt vom Mai 1957.

den eigenen Qualitätskontrollen entzogen waren. Die Ford-Lastwagengeschichte in den 50er Jahren ist eine Geschichte des Abstiegs, des Auslaufens, des Verfalls. Nicht nur der Ärger, den vor allem der Zweitakter-Diesel verursachte, war ausschlaggebend für das Ende der Lastwagenproduktion. Auch der zunehmende Erfolg bei den Personenwagen. Ford benötigte die Kapazitäten, die der unrentable Lastwagen verursachte, dringend, um den Taunus P3, die erfolgreiche Badewanne, in ausreichender Menge zu produzieren. Denn mit der Badewanne wurde erstmals in der Geschichte der Erzrivale Opel in Sachen Neuzulassungszahlen überholt.

Der Epilog Kölner Lastwagen: Letzte Jahre in England

So ganz zu Ende ist die Geschichte der Kölner Ford-Lastwagen mit dem Produktionsstopp in Deutschland nicht. Die Werkzeuge zur Fahrerhausfertigung wurden von Köln nach Dagenham spediert. Ford-England ergänzte damit seine traditionelle Thames Trader Lastwagen-Reihe für ihre letzten Jahre. Kaum eine optische Veränderung: Lediglich die Kühlermaske wurde anglifiziert und trug den »Trader«-Schriftzug. Zusätzlich zum bestehenden Trader FC (= Forward Control = Frontlenker) gab es in England nun den Trader NC (= Normal Control = Haubenlastwagen) zwischen 1962 und 1965, weil einige konservative britische Kunden doch lieber einen Hauber wollten. Ein paar davon wurden, auf speziellen Wunsch, von Ford-Köln sogar nach Westdeutschland importiert, zum Beispiel als Basis für Rettungsfahrzeuge. Und dann, nachdem 1965 der Thames Trader von der Ford N-Serie abgelöst wurde, war der NC mit dem Kölner Fahrerhaus immer noch nicht tot. In der Türkei, in Australien und in Ägypten wurde der Lkw noch jahrelang weiterproduziert und weithin exportiert. Er hieß dort K-Serie. Weiterhin dieselbe Kabine, aber statt »Trader« stand nun »Ford« im Grill, anderes Armaturenbrett und Motoren aus der Ford N-Serie, Produktion bis circa 1970.

Der englische Thames Trader ab 1957 war ein ziemlich revolutionärer Lastwagen, weil er eine Mischung aus Hauber und Frontlenker darstellte, also ein Kurzhauber nach US-Vorbild (Ford C-Serie aus den Mitt-50ern), und er deckte eine weite Spanne zwischen 2 und 7 Tonnen ab. Das Design stammt von Ford-England, die Vier- und Sechszylinder-Benziner und -Diesel auch, etliche Radstandlängen, ein sehr erfolgreicher Lastwagen, auch im Export (aber nie nach Westdeutschland wegen eines Gentlemen's Agreements zwischen Ford-Köln und Ford-Dagenham).

Der ursprüngliche Ford Thames Trader aus England ab 1957 mit einem sehr unverwechselbaren Design, eine Mischung aus traditionellem Hauber und modernem Frontlenker.

Lastwagenproduktion von Ford Köln

Baujahr	Lastwagen	Omnibusse
1945	2243	-
1946	4649	-
1947	2060	-
1948	5230	175
1949	3343	480
1950	1522	217
1951	4685	602
1952	6818	708
1953	3639	920
1954	4208	1051
1955	7202	1045
1956	6717	96
1957	6610	10
1958	1683	1
1959	1869	-
1960	1444	-
1961	524	

Skurriler Ford Thames Trader-Oberleitungsrevisionswagen im Lissaboner Nahverkehrsmuseum. (Foto: Ralf Weinreich)

Vom Leben gezeichnet: !987 war dieser Thames-Trader in Belgien noch immer im Einsatz.(Foto: Ralf Weinreich)

Ausstellungsstück: Dieser 3-achser hatte mehr Glück und wurde fachmännisch restauriert.(Foto: Ralf Weinreich)

Bekannte Erscheinung, aber nicht made in Cologne: Ford (GB) Thames Trader Typ NC von 1962, nachdem die Kabine in Deutschland nicht mehr gebraucht wurde. Diese Lastwagenkabine war die erste deutsche Ford-Komponente, die in England gebaut wurde - somit also das Vorgeplänkel auf Ford of Europe, das 1965 mit dem Kurzhauber-Transit Fahrt aufnahm und dann mit Capri und Escort und später mit Taunus/Cortina und Consul/Granada richtig in Schwung kam.

Dagenham montierte die Kabine auf das bekannte Thames-Trader-Fahrgestell, wodurch es beim breiten Tonnagespektrum von 2 bis 7 Tonnen blieb. Typische Prospekt-Gestaltung: Viel zu klein gezeichnete Männlein suggerieren ein riesengroßes Fahrzeug. Auszug aus dem englischen Prospekt vom Mai 1962.

Nach zwölf Jahren Pause: Neubeginn 1973 mit englischen Lastern

Zwölf Jahre lang war die Marke Ford völlig lastwagenbefreit und beschränkte sich (erfolgreich!) auf den Transit. 1973 wurde ein Neuanfang gewagt, jedoch nicht mit Eigenkonstruktionen, sondern mit britischen Importen. Anlässlich der IAA im September stieg Ford in Westdeutschland wieder ins Lastwagengeschäft ein. Die britische A-Serie erlebte dort ohnehin ihre Weltpremiere, und das nahm Köln zum Anlass, auch die in Großbritannien seit 1965 etablierte D-Serie (unter dem irreführenden Namen N-Serie) zu vertreiben - zumal Köln im Rahmen der internationalen Ford-Synergien ja längst an der Produktion beteiligt war. Denn die Karosserieblechteile für die D-Serie wurden im Werk Saarlouis gepresst.

Zunächst kamen die für Kontinentaleuropa bestimmten Ford-Lastwagen direkt aus England, bald wurden sie im Werk Amsterdam hergestellt. Dort wurden ab 1932 Ford für den lokalen Markt montiert, nach dem Krieg auch für den Export. Außerdem war Amsterdam für die Umrüstung Kölner PKW auf Rechtslenkung für den Export nach Südafrika zuständig. Ab 1971 konzentrierte sich das Werk auf die Nutzfahrzeugmontage (Transit und N-Serie, also die britische D-Serie für Kontinentaleuropa), ab 1978 spezialisierte sich Amsterdam auf den Transcontinental. Nach jahrelangen, teils heftigen Auseinandersetzungen zwischen Werksführung und Belegschaft wurde das verlustreich wirtschaftende Werk Amsterdam im November 1981 geschlossen. Das letzte Fahrzeug, das gebaut wurde, war ein Transit. Nach der Abwicklung wurde auch der Verkauf der A- und N-Serie auf dem Kontinent eingestellt. Der Transcontinental war weiterhin im westdeutschen Programm, aber er dümpelte vor sich hin. In England gefertigte Transcontinental der Baujahre 1982 bis 1984 wurden nahezu nicht mehr auf dem Kontinent verkauft.

Der Cargo kam dann wieder aus England. Nach dem Ende der Cargo-Europaversion (im Ausland wurde er weiterhin gebaut) stieg Ford erneut aus der LKW-Branche in Europa aus. Fast 30 Jahre währte die Abstinenz. Seit Herbst 2021 bietet Ford (indirekt) wieder einen LKW an, den schweren Ford F-Max aus der Türkei (siehe Kapitel 5), der aber nicht von Ford direkt, sondern von F-Max Trucks Deutschland angeboten wird.

Ford A-Serie 1973 bis 1983

Allenfalls als Walk-Thru-Van

Fast ausschließlich eine innerbritische Angelegenheit war die Ford A-Serie, auch wenn sie zeitweise auf dem Kontinent und auch in Westdeutschland angeboten wurde. Doch zu präsent waren die heimatlichen Alternativen in der 3,5- bis 6,5-Tonnen-Klasse, als dass der Ford mit seinem überarbeiteten Transit-Fahrerhaus reüssieren hätte können.

Allenfalls der Walk-Thru-Van war für bestimmte, aber wenige Branchen interessant. Wer das benötigte, musste auf dem Kontinent zum Karosseriebauer gehen. In Großbritannien hingegen war diese aus den USA stammende Transporterform populär, und deshalb war ein Walk-Thru-Van im Ford-Serienprogramm der A-Serie. Unter einem Walk-Thru-Van versteht man einen geschlossenen Transporter mit integriertem, hohem Aufbau, der rechts und links über eine Schiebetüre zum Fahrerstand verfügte. Der Fahrer konnte also seinen Sitz, der hohen Aufbauhöhe ist es geschuldet, nahezu aufrecht gehend durch die Schiebetüre auf der Beifahrerseite verlassen. Er konnte also quasi hindurchgehen (englisch: to walk through). Das ist sehr nützlich bei innerstädtischem Zustellverkehr, wenn der Fahrer seinen Transporter sehr häufig entern und verlassen muss, zum Beispiel bei der Paketauslieferung. Der Paketzusteller UPS machte den Walk-Throu-Van auch in Europa bekannt, brachte aber Eigenkarosseriekonstruktionen aus den USA mit. Mittlerweile nutzen fast alle Paketzusteller Walk-Thu-Vans, aber zu Zeiten der Ford A-Serie war dies in Kontinentaleuropa etwas sehr Außergewöhnliches.

Die A-Serie, im britischen Langley und im irischen Cork gebaut, schloss die Lücke zwischen Transit und D-Serie. Auf ein Leiterrahmenchassis schraubte Ford die modifizierte Transit-Kabine mit längerem Vorbau. Dies war nötig, weil unter die serienmäßige Transit-Kurzhauberschnauze nicht alle für die A-Serie vorgesehenen Maschinen gepasst hätten (englischer Essex-2-Liter-V4 mit 65 und -3-Liter-V6

Sehr hoher Transporter: Die A-Serie von 1975 als Walk-Thru-Van: Der Fahrer konnte vom Sitz aufstehen und aufrecht zur Beifahrerseite gehen, wo er in Richtung Bürgersteig ausstieg. Ideal im innerstädtischen stop-and-go-Zustellverkehr, das Paketausfahrer-Fahrzeug schlechthin.

Deckblatt des deutschen A-Serie-Prospektes vom März 1978, also sofort nach dem Facelift. Der »FORD«-Schriftzug auf der Haube wurde durch die Pflaume im Grill ersetzt.

Konventionelles Leiterrahmen-Fahrgestell, kaltvernietet, ziemlich flach konstruiert und damit geeignet für Aufbauten aller Art. Sieben Gewichtsklassen, drei Radstände.

mit 100 PS, York-Diesel mit 3,5 Litern und 62 sowie 4 Litern und 87 PS). Serienmäßig Vierganggetriebe, auf Wunsch Fünfgang (Serie ab 1978).

Ihr Debüt erlebte die A-Serie auf der Frankfurter IAA 1973, Produktionsbeginn September 1973, eine riesige Variantenzahl: rund 350 unterschiedliche Kombinationen an Radstand, Nutzlast, Aufbau und Motoren; in Großbritannien gab es ihn sogar als »Baby Artic«, also als Kleinstsattelschlepper. Auf der Insel diente die A-Serie als Basis für fast alle Kleinbusse. Die Walk-Thru-Variante wurde 1975 nachgeschoben. Die Vierzylinderversionen hatten 14-Zoll-Räder und Achsen vom Transit, die größeren Typen mit höherer Nutzlast trugen einen stabileren Rahmen und 16-Zöller an Dana-Achsen. Es gab während der Produktionszeit ein Facelift im März 1978. Dabei wurde tatsächlich nur das Face geliftet: Der silberne Kühlergrill nunmehr schwarz mit Ford-Pflaume, der »FORD«-Schriftzug auf der Motorhaube entfiel. Das Ende der A-Serie besiegelte der Ford Cargo in seiner leichtesten Version, aber auch der Transit selbst, den es ab 1986 in seiner dritten Generation mit deutlich erhöhter Nutzlast gab.

Ford D-Serie/N-Serie 1965 bis 1981

Der mit dem weißen Grill

Der weiß lackierte Grill war Mitte der 60er Jahre das Merkmal von Ford-Nutzfahrzeugen. Beide 1965er Neuerscheinungen, der Transit und die D-Serie, trugen dieses Charakteristikum. Und beide verloren es im Laufe der Zeit. Die D-Serie ist eine rein britische Angelegenheit, Nachfolger des Thames Trader, ein mittelschwerer Lastwagen für den Nah- und Verteilerverkehr. Optisch ähnlich wie der Hauptkonkurrent Bedford TK aus dem Hause General Motors, teilten sich die beiden quasi den britischen Markt paritätisch auf und waren dort allgegenwärtig. Beide wurden exportiert, stießen aber in jenen Ländern mit eigener Nutzfahrzeugproduktion auf einheimische Konkurrenz. In Westdeutschland trat Ford mit der D-Serie anfangs erst gar nicht an, und die zaghaften Verkäufe ab 1973 brachten alles andere als das erhoffte Resultat.

Nach dem ersten Facelift 1973: Die Ford D-Serie als kontinentaleuropäische N-Serie, von Köln importiert. Im Bild ein Pritschenlastwagen von 1975 mit den so genannten Western Mirrors, also Außenspiegeln nach amerikanischem Modell, was manche Trucker als cool und andere wiederum als unpraktisch empfanden.

Leichter und schwerer Kipper, Ford N 0810 (4,3 Tonnen Zuladung) und N 1414 (10,2 Tonnen Zuladung), Modelljahr 1977.

Die Fahrerhausblechteile des Frontlenkers mit Kippfahrerhaus wurden im Ford-Werk Saarlouis gefertigt und im englischen Werk Southampton zusammengeschweißt. Die Endmontage erfolgte dann im Werk Langley. Angetrieben wurde der Laster von hauseigenen Motoren, vier- und sechszylindrige Diesel mit 4, 5,4 und 6 Litern Haubraum (82 bis 128 PS), dazu für den Export auch Benziner mit 129 und 149 PS. Verfügbar war die D-Serie in der Tonnageklasse 7,5 bis 14 Tonnen (4x2, später auch 6x2), ab 1967 nach oben vom D 1000 als 28-Tonner (7,7-Liter-V8-Diesel von Cummins, später von Perkins) ergänzt. Die meisten D-Serien liefen im 7,5-Tonner-Segment als Zustell-Lastwagen, kleiner Sattelzug (immerhin bis 22 Tonnen), Baustellenkipper (auch mit Allradantrieb) und mit Spezialaufbauten im Versorgungsdienst (Kommunalfahrzeuge).

In Deutschland sah Köln ab 1973 eine Chance für die D-Serie, die damals ihr erstes Facelift erfuhr, ein überarbeiteter Grill, nicht mehr weiß, sondern silbern lackiert und mit Blinkern neben den Scheinwerfern. Kurioserweise hießen die Fahrzeuge für Kontinentaleuropa Ford N-Serie, was für Verwirrung sorgt, denn unter der N-Serie versteht man im internationalen Ford-Programm einen Traktor aus

Neues Armaturenbrett 1979, aber nach wie vor war es Usus, dass ein Lastwagenfahrer offenbar weniger über die Befindlichkeit seines Autos via Armaturen zu wissen brauchte als ein Pkw-Lenker.

Ford N-Serie im »New Look« ab Modelljahr 1979 mit schwarzem Grill und Rechteckscheinwerfern. Dazu neues Armaturenbrett und Lenkrad, bessere Geräuschdämmung, verbesserte Sitze und etwas mehr Motorleistung.

US-Fertigung. Der Erfolg in Westdeutschland war minimal. Das lag daran, dass Ford den populären PKW-Verkauf vom LKW-Verkauf trennte und eigene Ford-Nutzfahrzeug-Händler etablierte. Das waren zumeist Zweigstellen ortsansässiger Ford-Händler. Ford-Nutzfahrzeuge gab es also nicht bei jedem Ford-Händler und somit in etlichen Städten gar nicht. Diese dünne Infrastruktur sprach gewaltig gegen die N-Serie. Außerdem hatten Spediteure in Westdeutschland kaum einen Grund, beim Neuwagenkauf überhaupt an den Ford-Händler zu denken. Sie hatten ihre Stamm-Anlaufstellen, und Ford gehörte nicht dazu. Das gleiche Problem hatte General Motors, als in den 70er Jahren kurzfristig der Bedford TK Lastwagen über Opel-Händler angeboten wurde – ein Flop! Wie immer waren derartige »Nischen-Modelle«, also sowohl der Ford als auch der Bedford, in jenen Ländern erfolgreicher, die über keine eigene Nutzfahrzeugindustrie verfügten oder die nur schweres Gerät bauten. Außer in seiner Heimat sah man den Ford N-Serie in erster Linie in den Benelux-Staaten, in Skandinavien, in der Schweiz und in Österreich.

Ab Mitte der 70er Jahre kam die für den Kontinent bestimmte N-Serie nicht mehr aus England, sondern wurde im Ford-Werk Amsterdam gefertigt. Produktion zwischen 1969 und 1972 auch bei Hyundai in Südkorea für den asiatischen Markt. Sein weißer Grill kam der D-/N-Serie 1973 abhanden; 1978 das zweite Facelift, bei dem sie ihren freundlichen Rundscheinwerferblick verlor. Es bescherte einen schwarzen Kunststoffgrill mit Rechteckscheinwerfern. In Europa ersetzte der Cargo 1981 die D-/N-Serie. Wenngleich nicht in Kontinentaleuropa, so war die Ford D-Serie ein großer Erfolg, eine halbe Million Exemplare innerhalb von 16 Jahren. Produktion in Großbritannien, Belgien, Niederlande und Uruguay sowie bei Otosan in der Türkei, bei Ebro in Spanien und bei Hyundai in Südkorea. Eine spezielle und würdige Stellung bekam die D-Serie, als ein Dreiachser als Papamobil für den Besuch Papst Johannes Pauls II im September 1979 in Irland umgebaut wurde. Das war das größte Papamobil in der Geschichte.

Bekannt auf dem Kontinent wurde die D-Serie weniger ihrer selbst wegen, sondern weil die traditionellen englischen Spielzeugautohersteller Dinky Toys und Matchbox sich ihrer annahmen. Dinky- und Matchbox-Autos hatte in den 60ern und 70ern jedes Kind, auch in Westdeutschland, und dadurch wurden hierzulande britische Fahrzeuge bekannt, die man auf der Straße nahezu nicht sah - vor allem Lastwagen.

In Europa bei einem mittelschweren Laster nicht unüblich, in Großbritannien gegenüber dem Erzrivalen Bedford TK einen Riesenvorteil: Die kippbare Kabine gestattet hervorragenden Zugang zur Technik.

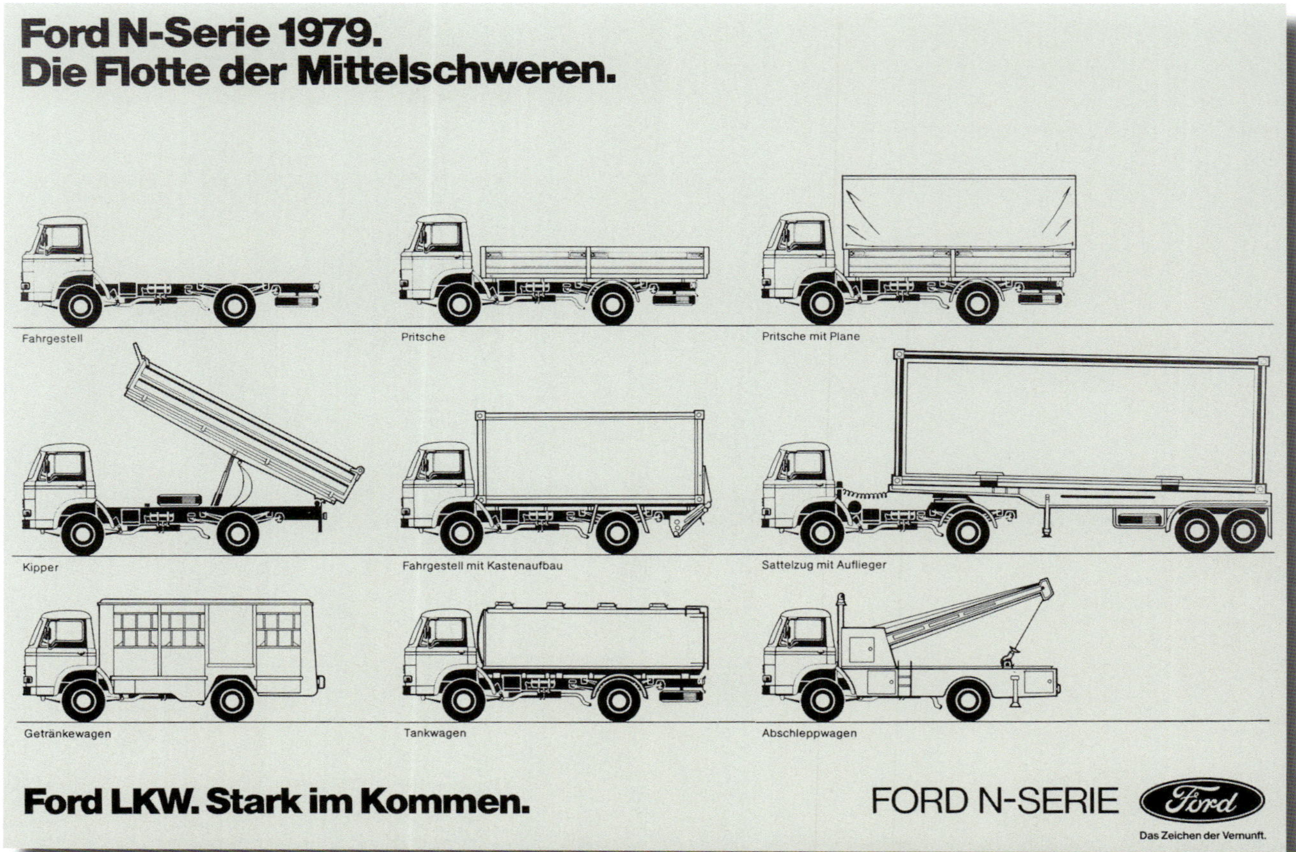

Das Programm für Deutschland in der Endphase der N-Serie: fünf Radstände und fünf Hinterachsübersetzungen, neun Versionen inklusive Fahrgestell mit Fahrerhaus als Basis individueller Aufbauten.

Für die Freunde exotischer Versionen: Ebro in Spanien produzierte die Ford D-Serie mit ebenso modifiziertem wie vereinfachtem Fahrerhaus in Lizenz. Anmutige Zeichnung aus dem 1970er Prospekt.

Ford Transcontinental (H-Series) 1975 bis 1984

Ein Schwerlastwagen als Puzzlespiel

Die einen sagen Hybrid. Die anderen nennen ihn Bastard. Als Puzzlespiel könnte man ihn auch bezeichnen, den Ford Transcontinental. Letztlich wurde hier aus den Ersatzteillagern unterschiedlicher Hersteller zusammengestellt, was zusammenpasste, und heraus kam ohne grundlegende Entwicklungsarbeit ein handfester Fernlastwagen von einem Hersteller, dem die Branche keinen full-size-Truck zugetraut hätte. Denn einen so schweren Lastwagen hatte Ford-Europa bis dato nicht im Portfolio gehabt.

Bis auf das Fahrgestell wurde kein Teil dieses Lastwagens von Ford konstruiert. Die britischen Ford-Lkw-Konstrukteure in Dunton haben allerdings das Verdienst, nicht nur die passenden Teile in den Regalen unterschiedlicher Hersteller gefunden, sondern auch jenes, sie kompatibel gemacht zu haben. In der Automobilbranche ist ein solches

4x2-Sattelzugmaschine, ebenfalls mit weißer Kabinenunterseite, wie es für Transcontinental der ersten Serie bis 1978 üblich war. Dreiachsiger Sattelauflieger ebenfalls von Kögel in Ulm.

Vorgehen eher unüblich, aber es ist typisch für die Konstruktion US-amerikanischer Schwerlastwagen. Das »Puzzle« führte zu einem funktionstüchtigen Fahrzeug. Er hieß »Ford«, er trug die blaue Pflaume am Grill. Ob er tatsächlich ein waschechter Ford war, ist Ansichtssache.

Alleine der Name »Transcontinental« war Programm: Das besagt einerseits, dass der Lastwagen prädestiniert für lange Strecken sei, also quer durch die Kontinente (was »Transcontinental« wörtlich bedeutet), andererseits aber auch, dass er über die Kontinente hinweg seinen Erfolg suchte und sich nicht auf seine Herkunftsregion beschränken wollte. Im engeren Sinne ergibt noch ein dritter Aspekt Sinn: Innerhalb Europas unterscheidet man bekanntlich zwischen Kerneuropa, was man als »der Kontinent« bezeichnet, und der britischen Insel. Ford wollte den Transcontinental europäisch aufstellen und vermarkten. Er sollte nicht als britisches Fahrzeug gelten. Er war auch keines, obgleich er (zeitweise) dort gebaut wurde. Denn viele seiner Komponenten stammen »vom Kontinent« und noch mehr aus den USA, waren also nicht britisch. Überhaupt war der Transcontinental ein ziemlich amerikanischer Lastwagen.

Es ging mit der Kabine los. Sie stammte vom Berliet TR/GR, sehr modern, 1970 erschienen, vom französisch-deutschen Industriedesigner Louis Lucien Lepoix gestaltet. Sie wurde nach ihrem Erscheinen mit Auszeichnungen geradezu überhäuft. Man kann sagen, dass Lepoix quasi der Vater der kubischen LKW-Kabinenform ist (nicht mit diesem Berliet, sondern generell). Den Motor bezog Ford von Cummins, ein Reihensechszylinder-Turbodiesel mit 14 Litern Hubraum, 290 bis 350 PS, robust aber durstig. Die Kupplung kam von Spicer, die Getriebe von Fuller-Roadranger (9- oder 13-Gang, unsynchronisiert), die Hinterachse von Rockwell Automotive, die Vorderachse steuerte die US-Konzernmutter vom Ford-L-Series-Lastwagen bei, die Lenkung stammt von Burman. Das einzige, was Ford in Dunton tatsächlich selbst entwickelte, war das Fahrgestell.

Insgesamt war der Transcontinental (intern: Ford H-Series) ein beeindruckendes Fahrzeug. Die Kabine saß viel höher als beim Berliet, Ford hatte sie grundlegend überarbeitet, und sie hatte im Gegensatz zum Berliet einen ebenen Boden (was einen dritten, mittig angebrachten Sitzplatz gestattete). Beim Berliet war die Kabine direkt mit dem Chassis verschraubt, beim Ford schwebte sie an vier gefederten Ankerpunkten. Der Fahrer musste richtig gehend aufsteigen, hatte aber einen hervorragenden Überblick. Er genoss mehr Komfort als damals üblich (wegen der gefederten und ziemlich vibrati-

Früher Ford Transcontinental in typischer Farbgebung in fröhlichem Zweifarblack gelb mit weißer Kabinenunterseite und knalliger Plane. Damals waren Planenstoffe leuchtend orange, sonnig gelb oder froschgrün. Nur erzkonservative Spediteure orderten noch graue Planen. Pritschenaufbau und kompletter Hänger vom Fahrzeugwerk Kögel in Ulm, Plane von Planen-Werz in Ulm.

onsarmen Kabine), auch mehr Power, und wenn er auf seine Instrumente blickte, so sah er beispielsweise die Öl- und Wassertemperatur. Völlig normal für einen Pkw-Fahrer, aber damals nicht Standard an Lastwagen-Armaturenbrettern. Das Chassis war ziemlich robust konstruiert, in Erwartung, dass die gesetzlich erlaubte Nutzlast in Zukunft steigen könnte (während 38 Tonnen in Westdeutschland normal waren, hatten die Briten damals noch eine 32-Tonnen-Beschränkung). Das machte das Fahrgestell schwer, und die Cummins-Diesel waren ohnehin keine Kostverächter. Der Transcontinental war somit für den Fahrer angenehm zu bewegen, aber für den Spediteur eher teuer im Unterhalt. Ford bemühte sich beständig, das Fahrgestell (4x2 oder 6x4, ab 1976 auch 6x2) leichter zu machen und dokterte immer wieder daran herum. Denn das hohe Gewicht war, neben dem ohnehin durstigen Cummins-Diesel, für einen hohen Spritverbrauch verantwortlich, was wiederum einen größeren Tank für Fernfahrten erforderte, der seinerseits wieder mehr Gewicht bedeutete.

Es gab zwei Serien, Mark 1 und Mark 2. Optisch erkennbar ist der erste Transcontinental (1975 bis 1978) am serienmäßig stets weiß lackierten unteren Bereich der Kabine und am großen »Ford«-Schriftzug über dem in Wagenfarbe gehaltenen Kühlergrill, angetrieben vom Cummins-Motor NTC, plusgeerdete Elektrik. Der Mark 2 (Präsentation: Pariser Salon, Herbst 1978) trug im nunmehr schwarzen Plastikgrill die Ford-Pflaume zusätzlich zum Schriftzug darüber, war, wie das allgemein üblich war,

Gelber Transcontinental als Rennservicetransporter in Diensten von ATS, aufgenommen im Fahrerlager der belgischen Rennstrecke in Spa-Francorchamps 1982, das Fahrzeug ist ein Mark 1 von 1975 bis 1978. ATS aus Bad Dürkheim stellt seit 1969 Alufelgen im damals revolutionären Niederdruck-Sandguss her. Mit eigenem Team war ATS zwischen 1977 und 1984 mit Ford-Cosworth-DFV- und zuletzt mit BMW-Motoren in der Formel 1 aktiv, als Nachfolger des amerikanischen Team Penske. Siege gab es nie. Aber man war dabei!

Der Cummins-Turbodiesel, ein Sechszylinder mit 14 Litern Hubraum.

Erneut ein Renntransporter, nunmehr ein Transcontinental der Serie 2 mit Ford-Pflaume im Plastikgrill, unterwegs für das Zakspeed Team Ford, also das Semi-Werksteam von Ford-Köln. Erich Zakowski ist Gründer von Zakspeed. Er hatte eine LKW-Werkstatt und startete 1968 mit dem Rennsport. Zunächst fuhr er Bergrennen, und sein kleiner Rennstall in Niederzissen, 20 Kilometer vom Nürburgring entfernt, blieb Ford stets treu. Zakspeed wickelte das komplette Ford-Motorsport-Management ab. Auf den Zakspeed-Turbo-Capri und -Escort waren Hans Heyer, Harald Ertl und Klaus Ludwig in der zweiten Hälfte der 70er Jahre erfolgreich. Aufnahme September 1979.

minusgeerdet und trug Cummins-NTE-Motoren (andere Nockenwelle, etwas sparsamer, 244, 274, 320 oder 352 PS, jeweils ein 14-Liter-Reihensechszylinder mit Direkteinspritzung). Interessant für Spediteure war der relativ große Wartungsintervall, anfangs 20.000 km von Ölwechsel zu Ölwechsel, ab der Serie 2 sogar 30.000 km.

Die Produktion erfolgte zunächst im neu gebauten Ford-Werk in Amsterdam (8231 Exemplare) und wurde 1982 für die letzten beiden Jahre nach Sandbach in England verlegt (504 Stück, eine Auftragsarbeit im dahin siechenden, ehemaligen Foden-Werk). Insgesamt entstanden somit 8735 »Transcontis«, Präsentation am 30. April 1975 in Amsterdam. Sein Erfolg war nicht so, wie erwartet. Ganz am Anfang verkaufte sich der Transcontinental sehr gut, 1000 Exemplare im ersten Jahr. Doch dann brachten die Konkurrenten auch Neuentwicklungen auf den Markt. In Großbritannien hatte er einen guten Stand, weil dort alles, was von Ford kommt, a priori positiv bewertet und aufgenommen wird. Großbritannien ist schlichtweg Ford-Land. Zudem wurde er dort als nationales Produkt gesehen, und die britische Lastwagenindustrie hatte in den 70er und 80er Jahren, trotz einer immensen Tradition, nahezu nichts Originäres mehr zu bieten. In Westdeutschland war der Transcontinental (Spitzname: »Die rollende Wand«) ein Außenseiter, wie alle Ford-Lastwagen dieser Zeit. Das Service- und Händlernetz war einfach zu dünn und wurde von Ford nur halbherzig aufgebaut. Ein Fahrzeug anzubieten, ist die eine Sache. Es für einen Spediteur nutzbar zu machen, ist die andere. Warum sollte ein deutscher Spediteur einen Ford Transcontinental einem Mercedes oder MAN vorziehen? Warum sollte ein französischer ihn anstelle eines Berliet kaufen? Warum sollte ein Italiener einen »Transconti« gegenüber einem Iveco/Fiat präferieren? Individualität mag im Speditionsgewerbe vielleicht eine Liebhaberei sein, ist aber nicht vernünftig und effizient. Es gab schlichtweg keinen belastbaren Grund. Der Transcontinental war ein guter Fernlastwagen. Aber er war nicht besser als andere.

Der Schöpfer der Kabine: Louis Lucien Lepoix (1918-1998), ein Franzose, der hauptsächlich in Baden-Baden wirkte und maßgeblichen Einfluss auf das kubische LKW-Kabinen-Design ab den 60er Jahren hatte.

Das Original-Fahrerhaus auf dem Original-Chassis, ein Berliet KB 2400 von 1971. Deutlich zu sehen, dass der Franzose wesentlich niedriger baut, trotz identischer Außenform der Kabine. Für Berliet zeichnete Louis L. Lepoix dieses Fahrerhaus. (Foto: Ralf Weinreich)

Der GM-Reflex: Bedford TM in Deutschland

Fords Lieblingsfeind Nummer Eins, die GM-Tochter Opel, musste auf den Transcontinental reagieren. Das war ein angeborener Reflex, der auch dann ausgeführt wurde, wenn GM nichts zu bieten hatte. Dieses Nichts war der Bedford TM, ein Schwerlastwagen der gleichen Tonnageklasse wie der Ford (14- bis 38-Tonner), in Produktion 1974 bis 1986, als Bedford in Dunstable abgewickelt wurde. Bedford war die Lastwagenmarke von Vauxhall, und Vauxhall wiederum war die englische Filiale von GM und ging, zusammen mit Opel, 2017 von GM an PSA (heute: Stellantis) über. In Großbritannien war der Erfolg des TM überschaubar, denn Bedford stand für zuverlässige Lastwagen im mittleren Tonnagesegment, hatte aber weder Tradition noch Renommee bei schweren Fernverkehrslastwagen. Und in Deutschland? Opel ließ einen Prospekt drucken und beabsichtigte, das Fahrzeug anzubieten. Aber es kam zu keiner Allgemeinen Betriebserlaubnis, kein Bedford TM wurde je via Opel an einen westdeutschen Spediteur ausgeliefert.

Das Deckblatt des von Opel herausgegebenen Bedford-TM-Prospektes vom September 1975. Das Opel-Logo im Grill ist eindeutig die Arbeit eines professionellen Retuscheurs, ebenso wie das mit »Blitz« beschriftetet Kennzeichen. Mangels ABE waren die Kosten für den Druck des Prospektes also umsonst. Somit waren das Unkosten im wahren Sinne des Wortes.

Ford Cargo 1981 bis 1992

Englischer Marktführer im Nahverkehr

Er fiel in die Zeit, als das Styling eines Lkw-Fahrerhauses nicht zweitrangig, weitgehend dem Zufall überlassen oder von Ingenieuren nebenher gestaltet wurde. Der Ford Cargo trägt ein professionelles Design von Patrick le Quément. Der Südfranzose, Absolvent des Birmingham Institute of Art and Design, begann seine Automobildesigner-Laufbahn bei Simca und ging 1968 als Designer zu Ford-England, wo er Ende der 70er im damals neuen Nutzfahr-

So gewöhnlich, dass er fast schon wieder ungewöhnlich wirkt: Früher Cargo in Weiß mit Alupritsche und blauer Plane mit Eigenwerbung eines Heidenheimer Ford-Lkw-Händlers, bei dem man ihn mieten konnte.

Cargo in Rot: Früher Ford Cargo als TLF 8/18 mit Bachert-Aufbau von 1982. Dieses Fahrzeug wurde von Ford werksseitig angeboten.

zeug-Design-Zentrum in Dunton den Cargo stylte. Zwischen 1981 und 1985 war er Chefdesigner bei Ford-Deutschland und verantwortlich für das Exterieur vom Sierra und Scorpio sowie einige Studien wie dem Ford Probe III, der dem Sierra vorausging. Danach zwei Jahre lang bei Volkswagen, schließlich 1987 bis zu seinem Ruhestand 2009 Chefdesigner bei Renault. Den Cargo zeichnete er modern, kubisch, und dennoch mit Anklängen an seinen (britischen) Vorgänger, die N-Serie: Die Kotflügel waren so breit wie das Fahrwerk, die Kabine war schmaler. Für einen Nahverkehrs-Lastwagen war die Innenraumbreite völlig in Ordnung, und in diesem Sektor reüssierte der Cargo auch. Als er aber in späten Tagen zum Schwerlastwagen aufgerüstet wurde (um den Transcontinental zu ersetzen), waren die Brummifahrer »not amused« über die zu schmale Kabine.

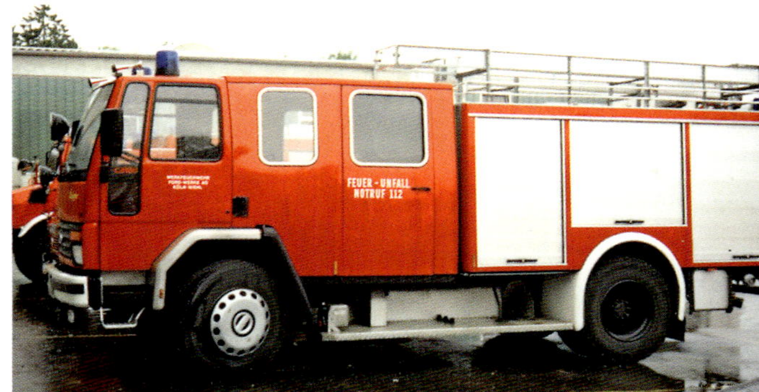

Auf dem Werkshof von Ziegler, wohl zum Service: Ford Cargo LF16, stationiert in Köln-Niehl, ein Werksfeuerwehrfahrzeug.

In Großbritannien war der Cargo die Nummer Eins in seinem Sektor (Nahverkehr, Verteilerverkehr) und allgegenwärtig. Auf dem Kontinent erlebte er einen Achtungserfolg. In Westdeutschland hingegen litt er unter mangelhafter Service-Infrastruktur. Nur wenige Ford-Händler wollten einen Lkw verkaufen und warten. Ihre Verkaufshäuser, ihre Mitarbeiter und deren Werkzeugkoffer waren auf Pkw spezialisiert, nicht auf Laster. Einen Transit konnten und wollten sie gerade noch warten, einen Cargo aber nicht.

Die in Europa zwischen 1981 und 1992 verkauften Cargo mit zwei Fahrerhauslängen waren made in England, aus dem Nutzfahrzeugwerk Langley. Stilistisch interessant sind die über den Rechteckscheinwerfern angebrachten Blinker, so breit wie die Frontleuchten, und der Sicherheit von Fußgängern und Radfahrern dienten weit herab gezogene Zusatzfenster in den Türen, durch die der Fahrer eine gute Sicht auf kleine Verkehrsteilnehmer rund um seinen Lkw hat. Anfangs war der Cargo im Bereich der 6- bis 15-Tonner angesiedelt, Volumenmodelle

Metalliclack für einen LKW war Anfang der 80er Jahre zwar noch ein edles Attribut, aber nicht ungewöhnlich. Cargo als leichter Sattelzug, sehr typisch für den Typ. Ebenfalls häufig zu sehen waren Cargos mit Koffer- oder Kühlkofferaufbauten sowie Pritschenkipper.

Zwei Cargos. Der Ford mit Spoiler unter der Stoßstange und auf dem Dach. Die Maschine eine Boeing 737-200 Convertible, die sowohl als Passagiermaschine wie auch als Frachter genutzt werden konnte. Nicht alle Fenster sind mit Blenden abgedeckt. Dieses Exemplar hatte seinen Erstflug im Januar 1971, war eine Lufthansa-Maschine, zwischendurch 1990 bis 1993 in Diensten von German Cargo, dann erneut Lufthansa, und ging im Jahre 2000 an die amerikanische Fluggesellschaft Ameristar über. 2009 oder 2010 wurde sie zur Ersatzteilgewinnung zerlegt. Der Ford Cargo lebte da wahrscheinlich auch schon nicht mehr. Aufnahme 1986.

Ford unterhielt im britischen Werk in Langley die »Special Vehicle Operation«, um auch ausgefallene Fahrzeuge realisieren zu können. Zum Angebot gehörten auch alle Flugfeldfahrzeuge, die auf der Basis eines Ford Cargo denkbar waren. Das reichte von Kehrmaschinen über Scherenhubwagen und Gangwayfahrzeugen bis zu diesem Enteiser auf Basis eines Ford Cargo 1513. Ford war Hauslieferant der 1923 gegründeten staatlichen finnischen Luftfahrtgesellschaft Finnair. Bei diesem Cargo wurden für die kalten Temperaturen elektrische 24-Volt-Anlage, Starter und Achsen verstärkt. Dazu kam ein Automatikgetriebe.

waren die 7,5- und die 9-Tonnen-Klasse. Werkseigene Dorset- und Dover-Dieselmotoren zwischen 63 und 150 PS. Ab 1982 auch Schwerlastausführung (28 bis 38 Tonnen) mit V6-Diesel von Klöckner-Humboldt-Deutz (170 bis 204 PS) und Cummins-Sechszylinder-Turbodiesel mit 243 sowie mit 283 PS dank Ladeluftkühler (»Intercooler«). Als nachträglich aufgerüsteter, schwerer Lastwagen war der Cargo seinen Konkurrenten, die eigens dafür konstruiert waren, unterlegen.

Der Start war äußerst positiv, der Cargo wurde 1982 zum Truck of the Year gewählt, was Ford werbewirksam ausschlachtete. Auf dem Lastwagen basierte die 1983er Studie Concept Cargo. Das Fahrerhaus aerodynamisch modifiziert, der Kofferaufbau sich nahtlos anschließend. Seine Scheibenbremsen erbte der Serien-Cargo schon kurze Zeit später. Interessante Materialien wies die Studie auf: Blattfedern aus Kunststoff, Kardanwelle aus Kohlefaser. Dazu kamen Unterflur-Flankenschutz, Achslastanzeiger, Fahrzeugdaten-Erfassungsgerät (heutiges Wort: Bordcomputer), Niederquerschnittreifen. Das alles wirkte damals sehr futuristisch.

1986 wurden die Produktionsanlagen in Langley an Iveco verkauft, der Cargo blieb aber ein Ford. Sein Nachfolger ab 1991 war der Iveco Euro Cargo, doch der Ford Cargo blieb bis Dezember 1992 in Produktion, insgesamt rund 140.000 Exemplare. Danach zog sich Ford in Europa völlig aus dem Lastwagengeschäft zurück. In Ablegern wurde der Cargo weltweit weiterhin gebaut (Südamerika, Nordamerika als Nachfolger des seit 1957 gebauten Ford C-Series, Indien, Sri Lanka, Türkei). Erwähnt sei noch der Cargo-Sporterfolg: In der Europäischen Truck-Racing-Meisterschaft holte Rod Chapman 1985 und 1987 auf Cargo den Titel, 1988 schaffte dies Gérard Cuynet.

Das Gesicht hinter dem Cargo-Gesicht: Patrick le Quément zeichnete den Lastwagen. Im Bild trägt er den Renault-Rhombus am Revers. Denn es stammt aus der Zeit, als der Südfranzose Renault-Chefdesigner war.

Ein modernes und ergometrisch durchdachtes Cockpit, sogar mit roten »GTI-Streifen«, wie das Anfang der 80er Jahre topmodisch war. Gut für den Fahrer im Nah- und Zustellverkehr. Aber etwas zu dürftig für den Fernverkehr, und obendrein litt der Fahrer hierbei darunter, dass die Kabine recht schmal ist.

Auch der Deutschen Bundesbahn leisteten Ford-Cargos gute Dienste, z.B. im Container-Zubringerdienst, wie dieses Foto, aufgenommen 1987 in Köln zeigt. (Foto: Ralf Weinreich)

Lieferwagen auf Pkw-Basis: repräsentative Geschäftswagen für die Stadt

Eine Art Vorgänger des Kombis waren ab Mitte der 30er Jahre die so genannten Geschäftswagen: kleine Lieferwagen, das Vorderteil einer zweitürigen Limousine, dahinter formintegriert ein bis zum Heck durchgehender Aufbau, der einen Laderaum beherbergt, keine seitlichen Scheiben aufweist und natürlich auch keine Rücksitzbank. Das waren zumeist relativ kleine Fahrzeuge für den innerstädtischen Zustellbetrieb, genutzt hauptsächlich für Waren, die nicht schmutzig werden durften – eben für alles, wofür ein Schnell-Lastwagen zu groß war und auch für alles, was in einen sauberen Innenraum musste und nicht auf eine dreckige Pritsche durfte. Die Geschäftswagen waren also des Geschäftsmannes Alternative zum Lieferdreirad mit Pritsche des Handwerkers.

Von nahezu jedem Vorkriegs-Ford-Personenwagen gab es Lieferwagenableitungen, Modell A, Modell B, V8, und auch die Kleinen wurden als Geschäftswagen angeboten, Ford Köln, Ford Eifel und für den Ford Taunus (»Buckel-Taunus«) wurde die Geschäftswagen-Variante zwar entwickelt, kam aber vor dem Krieg nicht mehr in Serie, sondern erst im zweiten Leben des »Buckels« ab 1948. Etliche Geschäftswagen waren US-Importe, andere waren Montageerzeugnisse importierter Einzelteile am deutschen Fließband, wieder andere ließ Ford von externen Karosseriebauern fertigen und verkaufte sie über die eigene Händlerorganisation. Und dann gab es noch die Einzelstücke nach Kundenwunsch, die ein lokaler Karosseriebauer ganz nach den individuellen Bedürfnissen verwirklichte.

Je vollständiger die Angebotspalette an »Deutschen Erzeugnissen« wurde, desto weniger Grund hatte Ford-Köln, amerikanische Wagen als Programmergänzung nach oben zu importieren. Die in den USA üblichen Delivery Vans auf Basis der großen Limousinen importierte Köln nie. Aber 1938 kamen einige V8-Woodies aus Dearborn nach Deutschland, ein in Europa nahezu unbekanntes Fahrzeuggenre. In den USA waren Woodies ein Statussymbol der Farmer, denn sie verbanden das zweckorientierte Nutzfahrzeug mit dem rein privaten Personenwagen. Die Aufbauten kamen vom US-Karosseriebauer Murray. Die Nachfrage in Deutschland war gering, einige Exemplare wurden zum Krankenwagen umgebaut.

Die Geschäftswagen wurden nach dem Krieg, später auch in selbst tragender Bauweise, nahtlos weitergebaut. Nur die Bezeichnung wechselte von

Vom Ford Modell A gab es eine Lastwagenversion mit verstärktem Chassis und verlängertem Radstand, den Ford AA, aber auch Geschäftswagenmodelle auf Pkw-Basis, der Ford A Deluxe mit Laderaum statt hinterer Sitzbank und Blech statt Glas. Kölner Montage importierter Einzelteile.

»Geschäftswagen« zu »Lieferwagen«. Anfangs waren diese Fahrzeuge sehr verbreitet, aber die Transporter à la VW Bulli, Ford FK 1000, Goliath Expreß oder Gutbrod Atlas machten ihnen früher oder später den Garaus. Denn sie waren in Frontlenkerbauweise laderaumeffektiver gestaltet und fuhren sich zunehmend auch wie ein Personenwagen - was zuvor das Hauptargument für die Geschäfts- oder Lieferwagen gewesen war. Mitte der 50er Jahre sank ihre Strahlkraft, spätestens Mitte der 60er waren sie von deutschen Straßen verschwunden. Gebaut wurden sie allerdings noch viel länger, teilweise bis heute. Denn es gibt nach wie vor Staaten, die derartige Fahrzeuge ganz anders besteuern als Personenwagen. Und da sie eigentlich Personenwagen sind und sich somit wie diese fahren, sind sie immer noch beliebt. Beispielsweise in Österreich und der Schweiz.

In den USA waren die Autokunden damals viel weiter als in Europa. Dort gab es viel früher gleich drei Arten von Station Wagons, die sich optisch ähnelten. Es gab das Delivery Car (oder: Panel Van), das unserem Geschäfts- oder späteren Lieferwagen entsprach, also ein rückbankloser Kombi ohne hintere Seitenscheiben und mit Platz für Firmenwerbung. Sodann hatten die Amerikaner den Kombi im heutigen Sinne in zwei Ausstattungsvarianten - einmal einfach als Handwerkerfahrzeug mit einer kompletten Stahlkarosserie sowie in der gleichen Ausstattung wie die höchste Ausstattungsvariante des Personenwagens, auf dem er basierte. Das war der Station Wagon, der auch Woodie genannt wird. Denn seine Karosserie war nicht komplett aus Stahl, sondern im hinteren Bereich aus Holz (deshalb Woodie, weil »Holz« auf englisch »Wood« heißt; wörtlich also liebevoll »Holzi« genannt), das Dach entweder aus Blech oder mit Kunstleder verkleidet. Auf Basis von Ford-Lieferwagen kleideten Karosseriebauer in den späten 40ern und frühen 50ern erste Kombis ein, und bevor sich das Wort »Kombi« durchsetzte, sprach man in holpriger Übersetzung vom »Stationswagen«.

Den ersten Werkskombi von Ford, den 12m mit der Weltkugel, konnte der Kunde zwar beim

Ford-Händler kaufen, aber er lief nicht in Köln vom Fließband. Vom Band lief er nirgends, er wurde in serieller Handarbeit gefertigt. Die Weltkugel-Kombis basierten auf Serien-Lieferwagen, die peu-à-peu von unterschiedlichen Karosseriebauern zu Kombis konvertiert wurden (Hebmüller in Wuppertal, dann Drauz in Heilbronn, ab 1955 Karmann in Osnabrück). Erst 1957, mit dem 17m (»Barock-Taunus«) entstand der erste Kombi auf dem Kölner Fließband. Lieferwagen gab es weiterhin, von allen Generationen der »M-Typen«, jeweils mit dem kleinsten Motor und mit der einfachsten Ausstattung: 17m P2, P3, P5, P7a und P7b, 12m P4 und P6. Ab den Generationen Taunus TC1 von 1970 und Granada von 1972 gab es keine deutschen Ford-Lieferwagen mehr. In Großbritannien wurden Lieferwagen auf Escort- und Fiesta-Basis gebaut, die auf den Kontinent importiert wurden. Nicht nach Westdeutschland. Hier sollte der Ford-Lieferwagen-Interessent bitteschön einen Transit erwerben. Als heutige Evolutionsstufe des Genres Geschäfts- oder Lieferwagen fungieren der Ford Transit Connect seit 2002 (Basis Focus bzw. C-Max) und Transit Courier seit 2014 (Basis Fiesta bzw. B-Max), die es in Deutschland sehr wohl zu kaufen gibt, Produktion beider in der Türkei bei Otosan.

Ford Köln Express-Lieferwagen von 1934 mit Werkskarosserie. O-Ton Ford: »Er wird Ihnen ein treuer und stets dienstbereiter Helfer sein.«

Eine Nummer größer, auf Basis des Typs Rheinland/4, also des großen Ford mit Vierzylindermaschine, Jahrgang 1933. Ford warb: »Der ideale Teilhaber des Geschäftsmannes, der den Weg zum Erfolg gehen will.«→

Der erste Eifel, die Version 1935/36 (aus dem englischen Ford Y hervorgegangen), als Lieferwagen mit Karosserie von Papler in Köln-Merheim, noch mit Drahtspeichenrädern.↓

Mit dieser modernisierten und zugepfeilten Front blieb der Eifel in Erinnerung, Version 1937 bis 1939, nunmehr verkehrstaugliche 1157 cm³ und 34 PS.

Auch der große V8 wurde als Geschäftswagen offeriert, hier die 1935er Version, erneut ausschließlich Montage in Köln von aus den USA importierten Einzelteilen.

Der 1937er V8, sehr beliebt im Deutschen Reich, mit individueller Karosserie der Vereinigten Werkstätten für Karosseriebau in München, ein Lieferwagen für die Zigarrenfabrik Villiger.

Der gleiche Karosseriebauer, aber ganz andere Interpretation: Ford V8 der gleichen Baureihe, aber mit Fortsetzung des aerodynamischen Themas auch im hinteren Bereich. Natürlich verliert der Lieferwagen dadurch Transportkapazitäten, aber er gewinnt deutlich an Eleganz.↓

Und nochmals der Ford V8 1937/38, wieder anders: konventionelle Lösung, wobei die hinteren Seitenscheiben für damalige Verhältnisse ungewöhnlich sind. Er war für den Ford-Händler Franz Sutter aus dem kleinen Ort Petronell-Carnuntum in Niederösterreich als Servicefahrzeug unterwegs. Dort dürfte auch der Aufbau entstanden sein.

Nur im weitesten Sinne ein Lieferwagen, doch auch er hat Transportaufgaben zu erledigen. 1938er V8 Bestattungswagen von Wilhelm Thiele aus Bremen, der kantige Aufbau fast schon Art Déco, das Chassis von Clerck in Wuppertal verlängert.

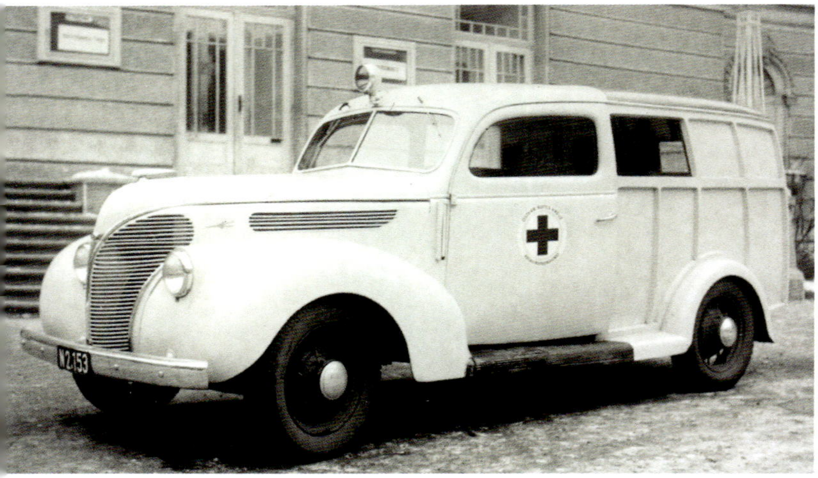

Einen aus den USA importierten V8 De Luxe Woody mit Karosserie von Murray verschlug es nach Niederösterreich, wo er einen Krankenwagen-Innenausbau erhielt, Einsatz in St. Pölten.

Den Buckel-Taunus aus früher Nachkriegszeit kleidete Drauz im Ford-Auftrag als Lieferwagen ein. Die ersten von 1948 hatten ein mit Kunstleder verkleidetes Dach.

Der Lieferwagen des Jahrgangs 1949 erhielt ein Stahldach. Er wirbt für Pilo-Schuhcreme aus dem Hause Thompson. 525 Kilo Nutzlast hatte der Taunus Lieferwagen. Das machte bei voller Beladung ein Gesamtgewicht von 1550 Kilo. Mit diesen Pfunden hatten die 34 Pferdchen ganz schön zu kämpfen.

Mit dem Lieferwagen wurde nicht nur Deutschland und sein Wohlstand aufgebaut. Selbst sportlichen Ambitionen seines Gebieters musste er genügen. Hier demonstriert ein Teilnehmer der Rallye Travemünde am 8. Juni 1951 zielgenaues Bremsen auf einem 1949er Taunus Lieferwagen mit Drauz-Karosserie.

Die »Weltkugel« als Arbeitstier: Gut ein Jahr nach der 12m-Limousine stellte Ford auf der IAA 1953 den Lieferwagen vor, innen spartanischer ausgestattet, außen kein Chrom, nur poliertes Aluminium. Er wurde im Ford-Werk produziert und diente als Ausgangsbasis für die bei externen Spezialisten gefertigten Kombiwagen.

Auch ein Lieferwagen darf und kann elegant sein. Das beweist der Taunus 17m P2 Lieferwagen, nur in Standard-Version angeboten, Version Februar 1958 bis August 1959. Er spielte in Deutschland kaum eine Rolle, wurde aber erfolgreich in Länder exportiert, in denen derartige Wagen Steuervorteile genossen.

Zum Beispiel in den Niederlanden, Ford-Amsterdam druckte extra für ihn einen Prospekt. Version September 1959 bis August 1960.

Prospektdarstellung: 12m P6 als Turnier und als Lieferwagen, Zeichnung dem 1967er Prospekt entnommen.

Roter 17m P5 Lieferwagen mit Verblechungen anstelle der hinteren Seitenscheiben. Aufnahme in Brunnen am Vierwaldstätter See in der Schweiz, neben dem Mercedes W 108 lauter Ford: P5 Lieferwagen aus Dänemark, P3 aus Basel und P4 aus dem Kanton Schwyz.

Der als »Cardinal« in den USA entwickelte 12m P4, ebenfalls als Lieferwagen auf Turnier-Basis lieferbar. Aber er war in Westdeutschland allenfalls ein Außenseiter, wenn nicht ein Exot. Der seitliche Zusatzblinker vor dem Radausschnitt und die Position der Außenrückspiegel definieren diesen Wagen als Exportfahrzeug.

17m P7b Lieferwagen, eine Seltenheit auf deutschen Straßen, aber beispielsweise in Österreich recht verbreitet. Der P7b war der letzte große Ford dieses Genres, auf Granada-Basis gab es das nicht mehr. Foto eines Neuwagens auf dem Ford-Werksgelände, bereit zum Export...

...zum Beispiel nach Belgien. Prospektblatt von Ford-Antwerpen vom Januar 1970.

Spielte in Deutschland nie eine Rolle, eine rein britische Angelegenheit, aber durchaus auf den Kontinent exportiert: Ford Escort als Lieferwagen mit ganz anderer Linienführung als der Escort Turnier, höheres Dach, hinten Schranktüren. Im Bild ein Escort II von 1975.

Die Engländer konvertierten den Escort Lieferwagen sogar zum Miniatur-Wohnmobil, hier auf Basis des Escort I (»Hundeknochen«) von 1968 bis 1974. Der Wohnmobil-Spezialist Martin Walter baute ihn nach seinem »Dormobile«-Prinzip um, wodurch der kleine Ford durch das ausklappbare Zeltdach sogar Stehhöhe garantierte. Das abgebildete Modell Elba hatte natürlich keine sanitären Anlagen, sondern war ein reines Schlafmobil. Er fuhr sich wie ein Pkw, wie ein Ford Escort eben, und wenn er nicht als Kuschelecke genutzt wurde, war er ein ganz normaler Kleinlieferwagen. Eigentlich genial...

Die heutige Evolutionsstufe des Genres Geschäfts-/Lieferwagen im Ford-Programm sind der Transit Connect, hier die erste Version 2002 bis 2013, Design Peter Horbury (der für sein Volvo-Design ziemlich bekannt wurde), Basis Focus '98, gebaut in der Türkei...

...sowie der kleine Transit Courier seit 2014 mit optischen Anleihen an den Fiesta, ebenfalls ein türkisches Auto.

Vom Frontlenker zum Kurzhauber: Rein deutsche und deutsch-englische Transit-Transporter

Die Lücke zwischen kleinen Geschäftswagen auf Pkw-Basis (den so genannten Lieferwagen) und den leichten Lkw (den so genannten Schnell-Lastwagen) hatten zuvor nur kleine Lieferdreiräder geschlossen. Ende der 40er Jahre etablierte sich ein neues Fahrzeuggenre, der Transporter, erster war DKW 1949 mit dem ¾-Tonner F89L, bald folgten Goliath und Gutbrod und natürlich der legendäre Volkswagen T1 Transporter auf Käfer-Basis. Sie hatten ein unterschiedliches Layout, VW und Gutbrod mit Heckmotor, die anderen mit Frontmotor und Frontantrieb - und alle wilderten in der ¾- bis 1-Tonner-Klasse. Opel tat nichts und spielte in dieser Klasse nie mit (aus bis heute unverständlichen Gründen), Ford hingegen reagierte mit dem FK 1000, der später Taunus-Transit heißen sollte und der Ahn aller heutigen Ford Transit ist. Ford kam zwar später als die anderen, profitierte aber von der praktischen Erfahrung, die mit den etablierten Fahrzeugen gemacht wurden.

Der Frontantrieb war damals auf anderem Stand als heute, Antriebseinflüsse in der Lenkung waren sehr deutlich, und ein gering motorisierter Fronttriebler musste schon arg zerren, wenn der Transporter voll beladen war. Zudem verfügte Ford über keinerlei konstruktive Erfahrungen mit dem Frontantrieb. Eine ganz spezielle Sache war das Konzept des Volkswagen T1, resultierend daraus, dass er eben auf dem Käfer basierte und der hatte nun mal einen Heckmotor und Heckantrieb. Natürlich ist es konstruktiv sinnvoll, mit dem Heckmotor die Antriebsachse und mit dem Gewicht von Fahrer und Beifahrer die Vorderräder zu belasten und die Ladung dazwischen, also zwischen beiden Achsen, zu verstauen. Aber der Heckmotor war eben genau dort untergebracht, wo der Nutzfahrzeugkunde Laderaum erwartete. Bei den ersten VW Transportern bis 1955 mit ihrem hohen Heckdeckel war im hinteren Bereich nahezu keine Transportkapazität. Anfangs waren die Kunden alles andere als begeistert, der VW Transporter war kein »instant hit«. VW-Patriarch Heinrich Nordhoff wandte zum Verkauf Zwangsmaßnahmen gegenüber den Händlern an. Nur derjenige bekam die gefragten Käfer geliefert, der auch ordentlich Transporter verkaufte. Zudem erkannte Nordhoff, wie wichtig eine Aufbauvielfalt ist und ließ bei zahlreichen Karosseriebauern immens viele Aufbau- und Einrichtungsvarianten fertigen, die ab Werk angeboten wurden – also wirklich das passende Fahrzeug für jede Branche.

Auf diese Weise boxte er den VW Transporter auf dem Markt durch.

Ford wusste also genau um die Nachteile der angebotenen Konzeptionen und konnte sich daran orientieren. Der Ford FK 1000 hatte ein konservatives Layout mit Frontmotor und Heckantrieb sowie, identisch zu allen Konkurrenten, eine Frontlenkerkarosserie. Das heißt, der Motor war nur von innen zugänglich, Fahrer und Beifahrer hatten ihn in ihrer Mitte. Auf damaligem technischen Stand war der FK 1000 also der am sinnvollsten konstruierte Transporter und somit der beste. Dennoch blieben seine Verkaufszahlen hinter jenen des Volkswagen weit zurück. Volkswagen hatte einfach die beste Verkaufsorganisation, das best aufgestellte Händlernetz, und der Volkswagen hatte einen unnachahmlich guten Ruf.

Eine rein Kölner Angelegenheit: Der Ford FK 1000 Transporter

Entwickelt wurde der FK 1000 vom Ford-Chefkonstrukteur Alfons Streit, die Karosseriekonstruktion entstand, wie schon beim Weltkugel-Taunus, bei Chausson in Frankreich aufgrund derer Erfahrung mit selbsttragenden Konstruktionen. Zunächst ein einfacher Zuschnitt mit geteilter Windschutzscheibe, hinteren Schranktüren und keinem seitlichen Zugang. Ford war mit dem Resultat nicht zufrieden, denn es erfüllte nicht die internen Vorgaben, bei einer Tonne Gesamtgewicht ebenso viel Nutzlast transportieren zu können, überdies war der Prototyp in unbeladenem Zustand zu frontlastig. Die Karosseriewerke Drauz sollten den Entwurf überarbeiten. Gleichzeitig schaffte es Ford, den VW-Transporter-Konstrukteur Alfred Haesner (als Assistenten von

Der Urahn aller Transit: Chefkonstrukteur Alfons Streit erhielt im Januar 1951 den Auftrag von Generaldirektor Erhard Vitger, einen Eintonner-Transporter zu konstruieren. Den Aufbau des Prototyps baute die französische Karosserieschmiede Chausson, die bereits beim „Weltkugel-Taunus“ mit ihrem Know-how aushalf. Das Foto zeigt den ursprünglichen Prototyp mit geteilter Frontscheibe à la Volkswagen Transporter. Hübsch ist er wahrlich nicht, geradezu beliebig.

Dem auf der Landstraße entgegen kommenden, frühen FK 1000 folgt ein '55er Opel Olympia Rekord mit Dachgepäckträger. Anfangs war an allen FK 1000 der untere Karosseriebereich schwarz lackiert.

Transporter oder Lieferwagen?

Es bedarf einer Definition der Nomenklatur, denn unterschiedliche Bezeichnungen werden landläufig unhinterfragt durcheinander gewürfelt. Wir entschieden uns für folgende Begrifflichkeiten: Transporter ist der übergeordnete Begriff für das Genre. Innerhalb des Transporters wird unterschieden. Die häufigste Art ist der Lieferwagen, also komplett verblechter Laderaum. Dann gibt es den verglasten Lieferwagen, der auch mit herausnehmbaren Sitzbänken im Stauraum ausgestattet werden kann, das ist der Kombi. Ein Kombi mit fest installierten (und somit nicht bei Bedarf herausnehmbaren) Sitzbänken ist der Kleinbus, und dessen aufwändig ausgestattete Variante (analog zum VW Samba-Bus) nennen wir Luxuskleinbus. Dann gab es den FK 1000 auch mit offenem Transportabteil, landläufig »Pritschenwagen« oder »Pickup« genannt, was aber beides per Definition unzutreffend ist, weil er weder eine Pritsche noch eine separate Pickupwanne aufweist. Er ist als Lieferwagen konzipiert, dessen Laderaum schlichtweg offen ist, und so wollen wir ihn offener Lieferwagen nennen. Weitere Aufbauarten erklären sich von selbst: Hochpritsche mit Pritsche oberhalb der hinteren Räder, Tiefpritsche mit Pritschenniveau zwischen den Hinterrädern und somit störenden Radkästen, Chassis/Kabine als Grundlage für Sonderaufbauten. Ford selbst nannte den FK 1000 in eigenen Broschüren anfangs »Eilfrachter«.

Streit) aus Wolfsburg abzuwerben, der mit der dortigen Vorgabe der Heckmotorkonstruktion nicht glücklich war. In Köln konnte er nun an einem Transporter arbeiten, der den Kardinalnachteil des Volkswagens eben nicht hatte. Der Motor wurde also weiter nach hinten versetzt, näher an die Vorderachse. Das Design erfolgte im Ford-Werk, das Styling erledigte Arno Kersting (1918-2011), ein von 1952 bis 1958 bei Ford angestellter Formgeber (so heiß das damals) und Leiter der Styling-Abteilung; sein Bruder Rainer Kersting begleitete ihn als Assistent und blieb Ford bis 1985 treu. Arno Kerstings Nachfolger als Chefdesigner bei Ford-Köln wurde 1958 der Amerikaner Wesley P. Dahlberg. Der FK 1000 beruhte also, im Gegensatz zum Weltkugel-Taunus, nicht auf einem amerikanischen Entwurf, sondern war eine rein Kölner Angelegenheit.

Kersting gestaltete den FK 1000 unverwechselbar mit einem fast quadratischen Kühlergrill (dessen formales Gegenstück er kurz darauf auch dem Lastwagen FK 4000 spendierte), mit Sicken und Linien, die nicht der Karosseriestabilität dienten,

Das Fahrerhaus war schon immer etwas kommoder als beim gleichzeitigen Volkswagen, wenngleich auf Schiebefenster bis zuletzt verzichtet werden musste. Blick in eine späte Fahrerkabine nach 1961 mit Mittel- statt Lenkradschaltung, und gut zu sehen ist, dass Ford auf der Beifahrerseite hinter dem Vorderrad die kleine Ford-Pflaume platzierte.

sondern einfach nur hübsch und modisch waren. Die Sicken am unteren Karosserieabschluss sollten sich gegen Ende eines jeden FK-1000-Lebens als unpraktisch erweisen. Genau dort rostete die Karosserie, und weil sie hier nicht glattflächig war, bereitete dies beim Reparaturschweißen gehörige Probleme. Drauz half nicht nur bei der Konstruktion des FK 1000, sondern stellte in Heilbronn auch die kompletten Karosserien her, die auf dem Wasserweg nach Köln zur Fertigmontage geschippert wurden. Nationale Publikumspräsentation war im März 1953 auf der IAA, internationale Premiere feierte er auf der Amsterdamer Nutzfahrzeugausstellung im April, Produktion und Auslieferung ab September.

Für einen Transporter ist der FK 1000 ein hübscher Kerl, dessen Außenhaut eben von einem gestalterischen Profi geschaffen wurde. Andere Transporter der damaligen Zeit waren reine Ingenieursschöpfungen, das Design war Nebensache, sie wirkten plump und unbeholfen. Der Ford hingegen besticht durch eine Panoramawindschutzscheibe mit mindestens doppelt so viel Glasfläche wie der mittig geteilte Fahrerausguck des VW oder Tempo, und auch die vorderen Seitenscheiben sind groß. Dadurch wurde die Gürtellinie, durch einen umlaufenden Wulst, der den Transporter für eine Zweifarblackierung prädestiniert, getrennt, recht tief herabgezogen. Das Verhältnis von Fahrzeugkörperhöhe und Dachhöhe bestand also nicht, wie beim VW, aus zwei Dritteln zu einem Drittel, sondern eher aus dem »Goldenen Schnitt«, was den Ford elegant erscheinen ließ – selten bei einem damaligen Nutzfahrzeug, eben eine Designerleistung. Dazu gehören auch der charakteristische, trapezförmige Grill und die um ihn und die Scheinwerfer rundlich gezogene Sicke, die sich im unteren Flankenbereich bis nach hinten fortsetzt. Der Bereich darunter ist nicht glatt, sondern besteht aus fünf Rillen, unter der Fahrertüre, zwischen den Rädern und im Heckbereich. Die Passagierfenster des Kombis waren niedriger als die in den Türen. Seitlich verfügte der FK 1000 über eine Laderaumtüre (aufpreispflichtig), hinten über eine bis nach unten reichende, einteilige Hecktüre, links angeschlagen.

Der FK 1000 war schon immer stärker und schneller als die anderen, und noch stärker und noch schneller wurde er als FK 1000/1,5 mit dem modern konstruierten 15m-OHV-Motor mit 55 PS. Da war er so schnell, wie die Feuerwehr es wollte. Und darum wurde er zum Liebling der Floriansjünger.

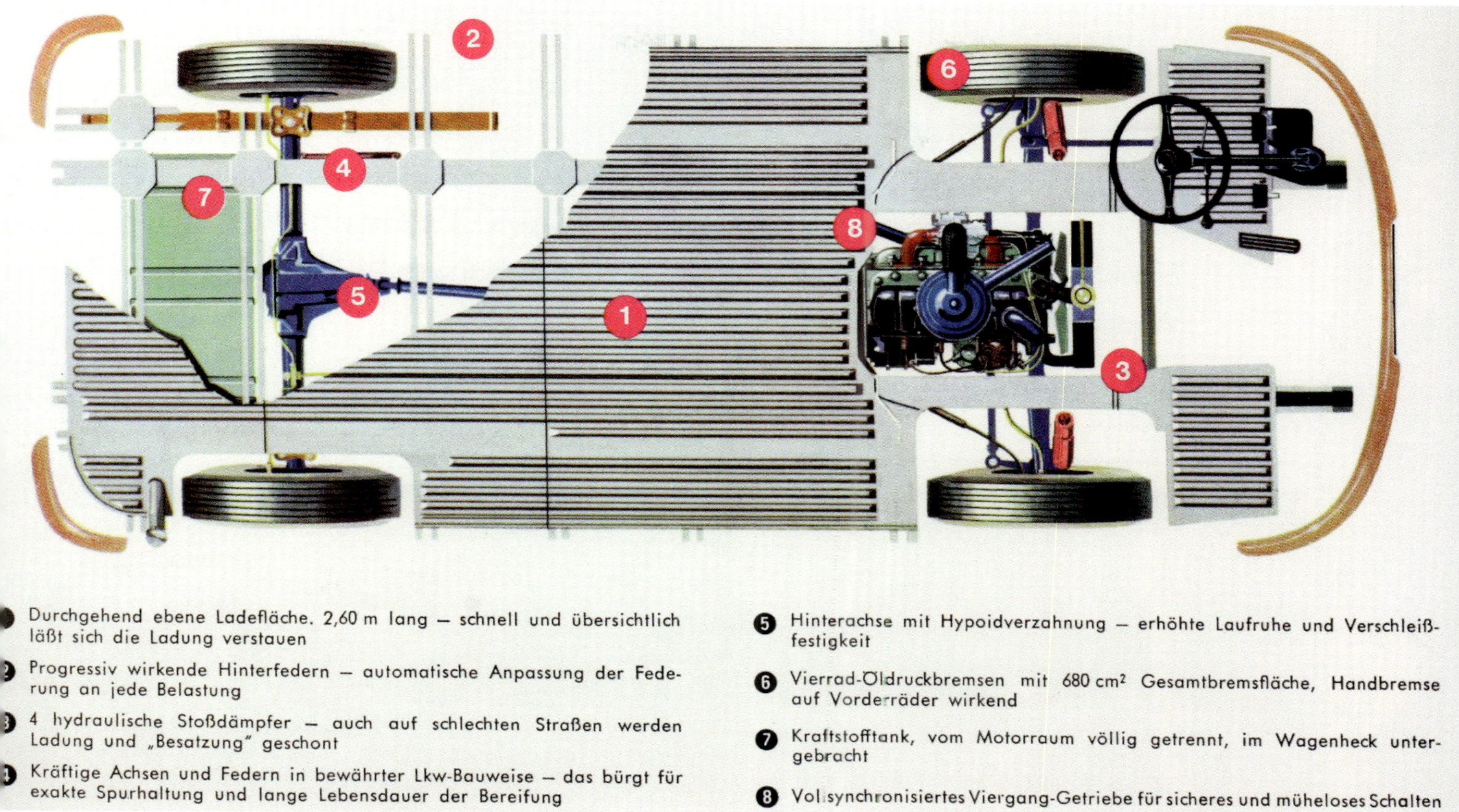

Graphische Draufsicht auf das Chassis. Der Motor sitzt zum Teil auf, zum Teil hinter der Vorderachse. An dieser Position wurde lange herumgedoktert.

Das verchromte »FK-1000«-Emblem oberhalb des Kühlergrills am Ford-Lieferwagen verrät ein frühes Fahrzeug. Ford lieferte die Transporter auf Wunsch nur grundiert aus, sodass Lackierer vor Ort den Kundenwünschen nachkommen konnten. Die Redaktion der Illustrierten Quick saß in München, und ihre Flotte lackierten die Zentralwerkstätten Hans Hanauer, auf deren Firmengelände der FK 1000 Transporter zwischen zwei Engländern flaniert, links ein winziger Austin A 35, rechts ein umso potenterer Austin-Healey 3000, der seinen Durst soeben mit hochoktanigem und verbleitem Gasolin stillt.

Es war eine win-win-Situation: Wer als Händler oder Konzessionär in Diensten einer großen Firma stand, bekam von ihr die kostenlose Lackierung seines Transporters in Firmenfarben. So sorgte die Schultheiss-Brauerei dafür, dass ihr Logo im Verkehrsalltag zugegen war, und H. W. Utermöhlen in Kiel und Gettorf hatte einen adrett lackierten FK 1000.

Die Technik ist denkbar einfach und dem 12m entnommen: 1,2-Liter-Vierzylinder mit stehenden Ventilen, 38 PS stark, längs eingebaut über der Vorderachse und somit zwischen Fahrer und Beifahrer, nur von innen durch eine Klappe zugänglich, kaum geräuschisoliert. Wahlweise Drei- oder Viergang-Getriebe mit Lenkradschaltung (sehr modern!), Heckantrieb, vorne und hinten Starrachsen mit Blattfedern, 15-Zoll-Räder. Das klingt archaisch, ist es auch (vor allem die vordere Starrachse), war aber damals Stand der (einfachen) Technik, die von einem Transporter erwartet wurde. Immerhin gehörte der FK 1000 mit 38 PS zu den damals stärksten westdeutschen Transportern, nur der Tempo war ihm gewachsen (VW 25 PS, 30 PS ab 1954, Goliath GV800 21 PS und Expreß 29 PS, Tempo Matador 26 oder 34 PS, DKW 22 und 30 PS ab 1954). Der Ford schaffte Tempo 95, der Matador 1400 nur 80 km/h, damit war der Ford der Schnellste seiner Art. Das war weniger wichtig, aber er war eben auch im Stadtverkehr und beladen wesentlich agiler als die Mitbewerber. Vielleicht kam Ford auch deshalb auf die werbewirksame Bezeichnung »Eilfrachter«.

Anfangs bot Ford vier Versionen an, den Lieferwagen, den Kombi, den Kleinbus als »Achtsitzer-Spezial« und den offenen Lieferwagen (gegen Aufpreis mit Spriegel und Plane). Ihnen gemein ist das Cockpit mit seitlichen Schiebefenstern und relativ spärlich instrumentierter Armaturentafel aus Blech, in Wagenfarbe lackiert: Tacho mit Benzinuhr und Thermometer (vom 12m geerbt) sowie ein paar Kontroll-Lämpchen. Der Fahrersitz ließ sich verstellen, aber nicht mit einem Griff und während der Fahrt, sondern im Stehen mit einem Schraubenschlüssel. Drei Möglichkeiten, also pro Sitz sechs vorgesehene Gewinde am Fahrzeugboden. Das musste reichen. Und es reichte.

Der feinste FK 1000 war der Achtsitzer-Spezial mit personenwagenartiger Innenausstattung, serienmäßig weiß lackiertes Karosserieoberteil, die Anbauteile verchromt, auch die Radkappen, zusätzliche polierte Aluminiumzierleisten an den Flanken, zweifarbige, bequeme Fahrgastsitze, hübsche Innenverkleidung mit Aschenbecher, Bodenmatten, Kleiderhaken, Innenbeleuchtung. Bald gesellte sich ein Plattform-Fahrgestell als Grundlage für Sonderaufbauten hinzu.

Das gleiche gilt hierfür. Heute würde man eine solche Werbebeschriftung folieren. Damals wurde sie von Kunsthandwerkern lackiert, teilweise im Spritzverfahren, aber tatsächlich auch per Pinsel. Es bedurfte wahrer Lackierkünstler dafür. Eine solche Lackierung war immens aufwändig und entsprechend teuer.

In der Praxis bewährten sich die ersten Fahrzeuge schlecht, Ford musste nachbessern. Trotz Drauz'scher Überarbeitung war der FK 1000 in unbeladenem Zustand schlecht zu fahren, sehr frontlastig, die Hinterachse verlor manchmal den Bodenkontakt, der Transporter hoppelte unbeholfen umher. Drauz entwickelte ein komplett neues Bodenblech, sodass der Motor nunmehr nicht mehr leicht vor der Vorderachse situiert war, sondern direkt darauf. Von dieser gravierenden Überarbeitung machte Ford logischerweise kein Aufhebens. Das Problem war dadurch nicht gänzlich eliminiert, aber der FK 1000 wurde immerhin fahrsicherer.

Frühe Fahrzeuge waren generell zweifarbig lackiert, der Bereich rund um Kühlergrill und Scheinwerfer sowie der untere Karosserieabschluss waren stets schwarz oder, in Abhängigkeit zum Karosserielack, in dunkler Komplementärfarbe gehalten, analog zweifarbig die Felgen. Das streckte den ohnehin ausgewogen gezeichneten FK 1000 zusätzlich. Ford lieferte aber den größten Teil der FK 1000 lediglich grundiert aus. Damals war es Usus, dass ein Handwerker sich seinen Transporter beim Autolackierer vor Ort in den Hausfarben lackieren ließ.

Dieser Taunus Transit Kombi hat irgendwie mit dem 5. Rhön-Bergpreis am 5. Oktober 1967 zu tun, und seine treuherzigen Scheinwerfer blicken ein wenig neidisch auf die Konturen des flachen Sportwagens, eines Porsche 906 Carrera 6, den wir alle als Mini-Boliden von der Carrera-Autorennbahn kennen.

Der Hauptkonkurrent für den VW Transporter war der Ford FK 1000. Beide konnten von sich behaupten: »Unser beider Vater ist derselbe.« Er heißt Alfred Haesner und konstruierte ab 1948 bei Volkswagen den Transporter. 1952 wechselte Haesner nach Köln zu Ford und hatte dort die gleiche Aufgabe inne. Trotz des gleichen Vaters hätten die beiden Söhne nicht unterschiedlicher sein können. Szene aus einem österreichischen Alpendorf, Markttag. Ganz hinten ein VW T1b, dann ein Käfer. Die beiden Ford in unterschiedlichen Grautönen und jeweils mit großem Dachgepäckträger sind einmal ein Lieferwagen und zum anderen ein Kombi. Beide haben bereits die größeren Rücklichter mit kombinierten Schluss- und Blinkleuchten, also zwischen 1955 und 1960 gebaut. Der Bauzeitraum des VW lässt sich auch eingrenzen: noch kleine runde Rücklichter, aber schon verstärkte Stoßstangen, also August 1958 bis Juni 1960.

Der frühe Achtsitzer-Spezial von hinten, noch mit den kleinen Einkammer-Heckleuchten und der frühen Kennzeichenbeleuchtung, ein im oberösterreichischen Linz zugelassener Wagen bei einer kleinen Rast am Wegesrand. Der Kleinbus trug das ansonsten aufpreispflichtige Chrompaket (Stoßstangen, Radkappen, Kleinteile) serienmäßig.

FK 1000 Achtsitzer-Spezial des ersten Baujahrs 1953 mit geschwärztem unterem Karosseriebereich. Das »FK-1000«-Emblem vorne ist künstlerisch gestaltet, fast ein wenig barock, und es verbirgt das Loch, durch das Frischluft auf Fahrer und Beifahrer strömt.↓

Ein später Achtsitzer-Spezial aus den 60er Jahren mit zweifach abgesetzter Zweifarbenlackierung, nunmehr chromlos. Das ist das Einstiegsmodell, der Taunus Transit 800, der gerne als Personentransporter geordert wurde, weil er sich personenwagenmäßiger fuhr.

Das Taunus-Transit-Topmodell, das Äquivalent zum Volkswagen Sambabus, der Achtsitzer-Panorama mit sechs Oberlichtfenstern und verstellbarer Luke im Dach, von Ford »Passat-Luke« genannt. Obendrein, und auch hier stand der VW Samba Pate, verfügte der Ford über zusätzliche hintere Eckfenster.

Szene von der Großglockner-Hochalpenstraße mit Fiat 1500 und englischem Ford Consul Classic, dazwischen die beiden Konkurrenten im Luxus-Kleinbus-Segment, der VW Sambabus und der Ford FK 1000/1,5 Achtsitzer-Panorama. Dieser Ford, ein frühes Exemplar, trägt noch die polierten Seitenzierleisten aus Aluminium, die er 1960 verlor.

Offener Lieferwagen, 1963 aufgenommen. Was machen die Männer da? Sie setzen Fische aus! Der Kasten ist ein Wassertank mit jungen Fischen darin, die in einem Fischteich eingesetzt werden sollen.

Das erste Campingmobil, das Ford ins offizielle Programm aufnahm: Geschaffen von Westfalia im englischen Dormobile-Stil, also mit aufklappbarem Dach, innen zweiflammiger Gaskocher, Kühlschrank und Gasheizung. Den Ford stattete Westfalia weit luxuriöser aus als den gleichzeitigen Volkswagen und bot ihn auch teurer an.

Der offene Lieferwagen von hinten. Die Bordwände konnten links und rechts aufgeklappt werden. Die hintere Klappe ist ein Staufach, in dem sich auch das Reserverad aufhält.

Die von Ford als »Stahlpritschenwagen« propagierte Version war eigentlich keine solche, sondern ein offener Lieferwagen, hier mit Spriegel und Plane in Diensten der Dortmunder MAN-Lastwagen-Niederlassung.

Die Doppelkabine erschien zum Modelljahr 1960, Platz für einen fünf-Mann-Bautrupp plus Gerödel, auf Wunsch mit Spriegel und Plane. Auf dem Foto sind die Belüftungsklappen auf dem Dach geöffnet. Rechts die Version Chassis/Kabine als Grundlage für Spezialaufbauten.

Vom FK 1000 zum Taunus Transit

Der Ford gehörte zu den best motorisierten Transportern, aber die Mitbewerber legten nach. Westdeutschland fuhr von Jahr zu Jahr schneller, da mussten auch die Transporter mithalten. Ab April 1955 bot Ford für den FK 1000 auch den neu konstruierten Motor aus dem neuen Taunus 15m an, eine Konstruktion von Alfons Streit, mit hängenden Ventilen (also OHV) und seitlicher Nockenwelle, 55 PS aus 1498 cm³, kombiniert mit Vierganggetriebe. Das machte den Ford zum Liebling der Floriansjünger, die es notgedrungen immer sehr eilig haben. Einen Transporter mit 105 km/h Höchstgeschwindigkeit gab es nur in Köln. Der FK 1000/1,5 hatte eine andere Getriebeabstufung und Hinterachsübersetzung, dadurch niedrigere Drehzahlen und geringere Innenraum-Geräuschentwicklung. Gleichzeitig wurde die Form der Motorabdeckung innen so geändert, dass sie keine Barriere mehr darstellte, sondern der Durchstieg von links nach rechts möglich wurde. Das Fahrwerk wurde modifiziert, mit verstärkten Hinterfedern gepaarte Hebelstoßdämpfer mit Doppelwirkung, dazu größere Bremsflächen. Und die Scheibenwischer suchten sich nach Abschalten nun von selber ihre Ruhestellung. Kenner erkannten den FK 1000/1,5 von außen daran, dass er leicht schräg auf der Straße stand, vorne etwas tiefer als hinten, weil der 15m-Motor 50 Kilo mehr wog.

Drei Jahre später, Januar 1958: Keine Winker mehr hinter den Seitenscheiben der Vordertüren, sondern Blinker, die vorderen weit oben an den Ecken direkt unter der Windschutzscheibe, die hinteren in vergrößerten Rücklichtern, nun also Zweikammerheckleuchten. Zum FK 1000 mit 1,2- und 1,5-Liter-Motor kam der FK 1250 hinzu, ebenfalls 15m-Maschine, aber 1,25 Tonnen Nutz-

Ebenfalls Chassis/Kabine, also das Tiefchassis auf Transporterbasis mit gepresstem Stahlrahmen. Die »Lastwagen-Version«, somit der FK 1500, verfügte über einen Kastenrahmen mit Traversen.

Auf dem Tiefchassis basierte die Großraumpritsche, hier eine extralange Version des Münchner Karoseriebauers Albert Heidemann, fotogen platziert vor den Propyläen am Münchner Königsplatz.

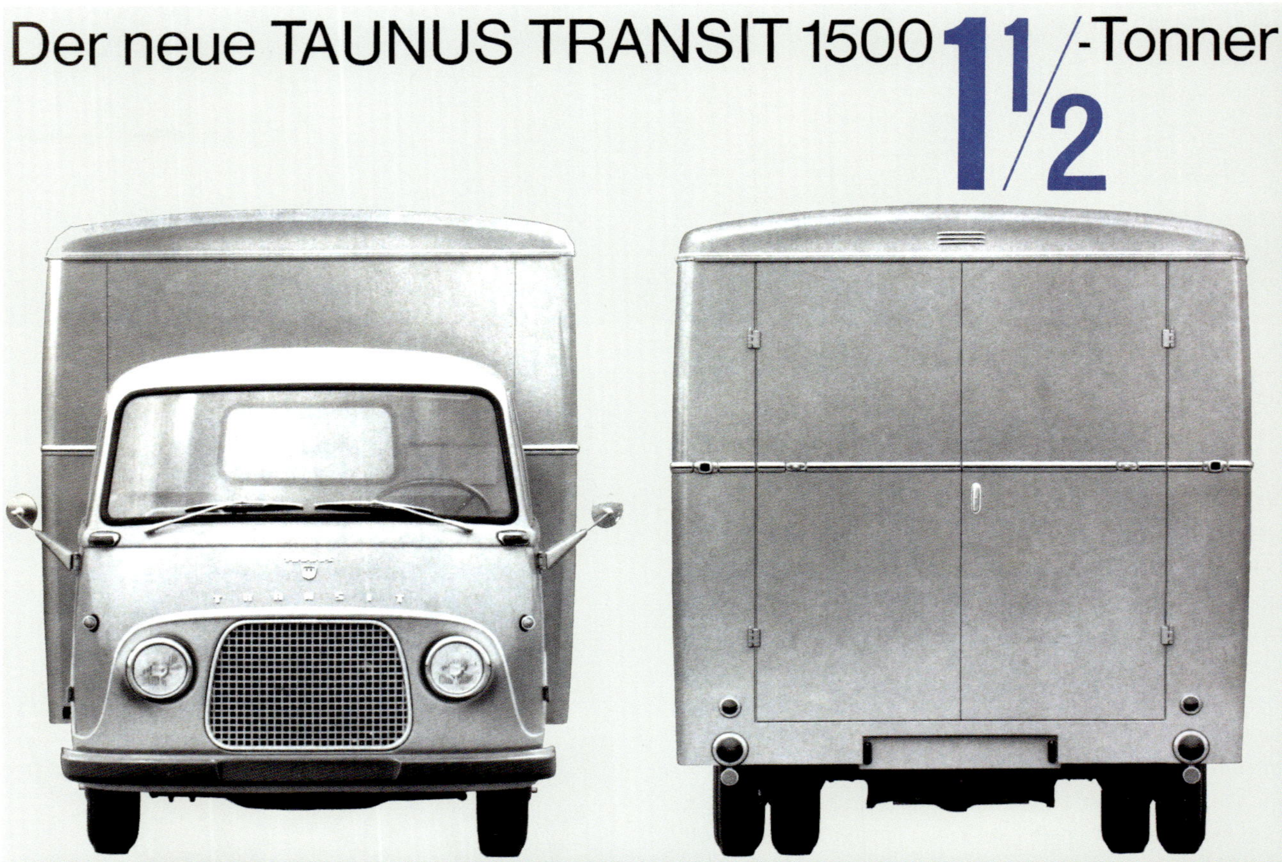

Der Taunus Transit 1500 war kein Transporter mehr, sondern ein kleiner Lastwagen mit 1 ½ Tonnen Nutzlast. Nur das Fahrerhaus entlehnte er dem Taunus Transit. Der Rahmen war ein neu konstruierter Pressstahl-Kastenrahmen mit zwillingsbereifter Salisbury-Lastwagen-Hinterachse. Serienmäßig Holzpritsche oder unterschiedliche Kofferaufbauten.

last, stärkere Federn, andere Reifen. Im Januar 1960 erneut Änderungen, der 1,2-Liter-Motor nur noch für wenige Versionen, 1,5 wurde zum Standard. Auf Basis von Chassis/Kabine gab es, als Ergänzung zum bisherigen offenen Lieferwagen, einen echten Pritschenwagen mit Holzpritsche (4,4 m² ebene Ladefläche, abklappbare Bordwände). Dafür entwickelte Ford eine neue Variante, den FK 1000 mit Tiefchassis, also nur Fahrerhaus auf Leiterrahmenchassis. Nach wie vor erhältlich war die Version mit teilkarossiertem Unterteil für Sonderaufbauten wie zum Beispiel Kipper. Optisches Erkennungsmerkmal des Jahrgangs 1960: Das etwas verspielte vordere »FK« -Emblem musste einem neuen rot/weißen Firmenornament weichen, geschmückt mit drei goldenen Kronen als Symbol für die Heiligen Drei Könige in Köln. Zudem wurde der Kühlergrill kaum merklich modifiziert, Wegfall der Querstreben, nunmehr ein Karomuster. Neu im Programm waren ein handbetriebener Kipper auf Basis des Pritschenwagens sowie die Doppelkabine. Ab Ende 1959 bot Ford Rechtslenker-Versionen für den Export an, sie wurden im niederländischen Ford-Werk Amsterdam gebaut.

Eine Namensänderung erfolgte im Januar 1961. Aus dem FK 1000 und FK 1250 wurde der Taunus Transit. Das hat mehrere Gründe. Zum einen war der Name Taunus gut eingebürgert und symbolisierte den Personenwagenbau von Ford. Und ein Transporter sollte sich ja im Idealfalle wie ein Personenwagen fahren lassen. Zum anderen beendete Ford damals den Lastwagenbau, und die Lkw-Bezeichnungen lauteten FK 2000, FK 3500 und FK 4500. Da Ford den Lkw-Bau in Schmach einstellte, sollte auch die »FK«-Bezeichnung möglichst rasch eliminiert werden, damit keine aktuelle Modellbezeichnung mehr an die ehemaligen Lastwagen erinnerte. Das rot/weiße Wappen an der Front blieb erhalten, darüber stand klein »Taunus«, darunter in einzelnen Lettern „Transit". Das kommt aus dem Lateinischen von »trans« = »durch« und »ire« = »gehen«. Es sollte einerseits verdeutlichen, dass das Fahrzeug

Waren transportiert (was ja seine ureigenste Aufgabe ist) und es beinhaltet als Markenbezeichnung den Aufgabenbereich. Denn im Wort »Transit« steckt nun mal der vordere Teil des Wortes »Transport«. Außerdem war damals dieses Wort in aller Munde wegen des so genannten Transitverkehrs durch die DDR, den auf sich nahm, wer von der Bundesrepublik nach West-Berlin gelangen wollte. Hinter dem rechten Vorderrad war ein kleines Emblem mit der Ford-Pflaume angebracht.

Ein paar Kleinigkeiten für das Modelljahr 1962: Vierganggetriebe nun vollständig synchronisiert, dreieckiges Ausstellfenster zusätzlich zu den seitlichen Fahrerhaus-Schiebefenstern, Lenkradschloss. Luxusversion des Achtsitzer-Spezial als Achtsitzer-Panorama in Konkurrenz zum Volkswagen Samba-Bus, nunmehr mit rechts und links drei Panoramascheiben im Dach und dazwischen einer dreifach verstellbaren Frischluft-Luke aus Plexiglas (Ford nannte sie »Passat-Luke«), dazu, wie beim VW Samba, um die Ecke gezogene kleine Zusatzrückfenster. Dazu Trittstufe an der seitlichen Tür, Chromausstattung außen, zweifach abgesetzte Zweifarbenlackierung. Mitten im Modelljahr, im April 1962, erschien der Taunus Transit 800 mit reduzierter Nutzlast, also 800 Kilo Zuladung. Das war für jene Kunden gedacht, die zwar den Laderaum, aber nicht die 1-Tonner-Nutzlast benötigten, weil sie beispielsweise Textilien oder, im Extremfalle, Federbetten transportierten. Oder eben Menschen. Vor allem der Kleinbus wurde fortan gerne als Taunus Transit 800 geordert, sodass ihn Ford in Folge gar nicht mehr als Taunus Transit 1000 oder 1250 anbot. Unterschied zum 1-Tonner sind letztlich die verwendeten Reifen (kleinerer Durchmesser, andere Felgen), Federn und Stoßdämpfer, Hinterachse vom 17m P3. Vorteil: Der 800er fuhr sich weicher als der 1-Tonner. Die seit-

Miesen-Prospekt von 1959 für den Krankenwagen mit zwei bis drei Tragen, seriell hergestellt.

Schnittzeichnung des Graphikers Walter Gotschke durch das Feuerlöschfahrzeug, sehr beliebt und teilweise jahrzehntelang bei Freiwilligen Feuerwehren im Einsatz. Das große, rote Teil im Heckbereich ist die Tragkraftspritze.

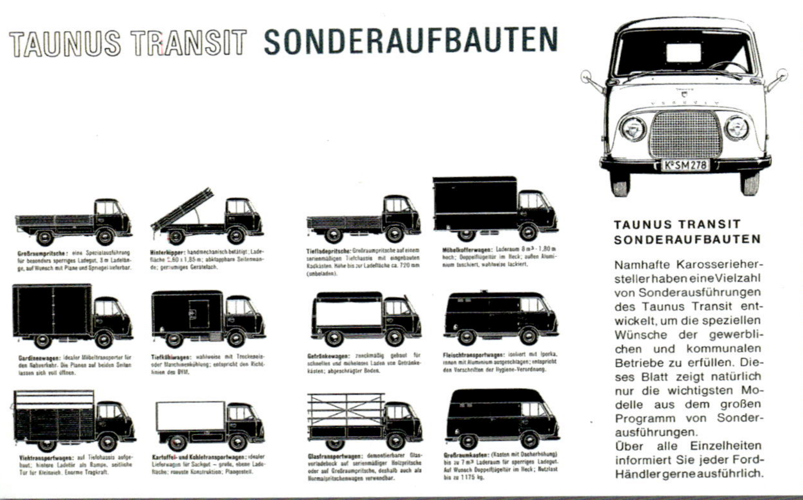
TAUNUS TRANSIT SONDERAUFBAUTEN

Großraumpritsche: eine Spezialausführung für besonders sperriges Ladegut. 3 m Ladelänge, auf Wunsch mit Plane und Spriegel lieferbar.

Hinterkipper: handmechanisch betätigt; Ladefläche 2,60 x 1,85 m; abklappbare Seitenwände; geräumiges Gerätefach.

Tiefladepritsche: Großraumpritsche auf einem serienmäßigen Tiefchassis mit eingebauten Radkästen. Höhe bis zur Ladefläche ca. 720 mm (unbeladen).

Möbelkofferwagen: Laderaum 8 m³ · 1,80 m hoch; Doppelflügeltür im Heck; außen Aluminium tuschiert, wahlweise lackiert.

Gardinenwagen: idealer Möbeltransporter für den Nahverkehr. Die Planen auf beiden Seiten lassen sich voll öffnen.

Tiefkühlwagen: wahlweise mit Trockeneis- oder Maschinenkühlung; entspricht den Richtlinien des BVM.

Getränkewagen: zweckmäßig gebaut für schnelles und müheloses Laden von Getränkekästen; abgeschrägter Boden.

Fleischtransportwagen: isoliert mit Iporka, innen mit Aluminium ausgeschlagen; entspricht den Vorschriften der Hygiene-Verordnung.

Viehtransportwagen: auf Tiefchassis aufgebaut; hintere Ladetür als Rampe, seitliche Tür für Kleinvieh. Enorme Tragkraft.

Kartoffel- und Kohletransportwagen: idealer Lieferwagen für Sackgut – große, ebene Ladefläche; robuste Konstruktion; Plangestell.

Glastransportwagen: demontierbarer Glasverladebock auf serienmäßiger Holzpritsche oder auf Großraumpritsche, deshalb auch als Normalpritschenwagen verwendbar.

Großraumkasten: (Kasten mit Dacherhöhung) bis zu 7 m³ Laderaum für sperriges Ladegut. Auf Wunsch Doppelflügeltür im Heck; Nutzlast bis zu 1175 kg.

TAUNUS TRANSIT SONDERAUFBAUTEN

Namhafte Karosseriehersteller haben eine Vielzahl von Sonderausführungen des Taunus Transit entwickelt, um die speziellen Wünsche der gewerblichen und kommunalen Betriebe zu erfüllen. Dieses Blatt zeigt natürlich nur die wichtigsten Modelle aus dem großen Programm von Sonderausführungen.
Über alle Einzelheiten informiert Sie jeder Ford-Händler gerne ausführlich.

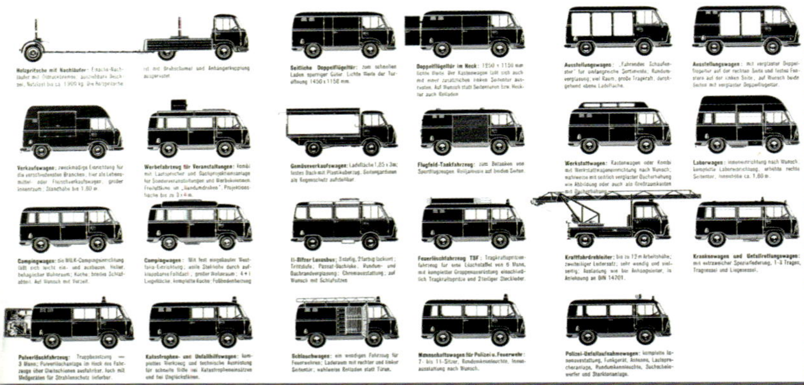
Holzpritsche mit Nachläufer

Seitliche Doppelflügeltür: zum schnellen Laden sperriger Güter. Lichte Weite der Türöffnung 1450 x 1158 mm.

Doppelflügeltür im Heck: 1250 x 1150 mm

Ausstellungswagen: „Fahrendes Schaufenster" für umfangreiche Sortimente; Rundumverglasung; viel Raum; große Tragkraft; durchgehend ebene Ladefläche.

Ausstellungswagen

Verkaufswagen

Werbefahrzeug für Veranstaltungen

Gemüseverkaufswagen

Flugfeld-Tankfahrzeug

Werkstattwagen

Laborwagen

Campingwagen

Campingwagen

11-Sitzer Luxusbus

Feuerlöschfahrzeug TSF

Kraftfahrdrehleiter

Krankenwagen und Unfallrettungswagen

Pulverlöschfahrzeug

Katastrophen- und Unfallhilfswagen

Schlauchwagen

Mannschaftswagen für Polizei u. Feuerwehr

Polizei-Unfallaufnahmewagen

Vorder- und Rückseite des Prospektes für Taunus-Transit-Sonderaufbauten ab Werk von 1961. In der Vielfalt stand Ford dem Volkswagen-Werk in nichts nach, überflügelte den Mitbewerber teilweise sogar. All diese Sonderaufbauten stammten von externen Spezialisten, wurden aber über die Ford-Händler angeboten.

liche Laderaumtüre war nun serienmäßig, ebenso wie die Heizung.

Auf Basis des FK 1000 bot Ford werksseitig etliche, von externen Karosseriebauern geschaffene Varianten an, Feuerlöschfahrzeug, Krankenwagen, Ausstellungswagen, Möbelkoffer, Gemüseverkaufsfahrzeug, Großraumlieferwagen mit erhöhtem Dach, Tiefkühlwagen, Getränkepritsche, Fleischtransporter, Hinterkipper, Drehleiter und etliches mehr. Ford stand in seiner Vielfalt dem Volkswagen-Werk in nichts nach, und je weiter die Jahre voranschritten, desto größer wurde das Sonderaufbauprogramm, das dann sogar extreme Nischen bediente wie Laborwagen, Werkstattwagen mit mittig erhöhtem Dach, Pritsche mit Nachläufer oder Flugfeld-Tankwagen für Sportflugzeuge. Auch eine reversible Campingausstattung von Wilk auf Basis des Achtsitzer-Spezial war lieferbar. Und gleich fünf unterschiedliche Feuerwehr-Versionen ab Werk: Tragkraftspritzen- und Pulverlöschfahrzeug, Mannschafts- und Schlauchwagen sowie Drehleiter.

Spezieller Lieferwagen mit Hochdach und riesiger Doppelflügeltüre. Über die Rampe verlädt ein starker Mann gerade eine Jukebox mit großem körperlichem Einsatz.

Einzelstück des Salzburger Karosseriers Hans Kohlmuss: Das Werbe- und Ausstellungsfahrzeug basiert auf einem FK 1000/1,5 (Baujahr 1955 bis 1957) und trägt unter den Schaufenstern ein verchromtes Geländer.

Von Heilbronn nach Genk: eklatante Qualitätsverbesserung

Lange hatte Ford nach einem geeigneten Grundstück für eine weitere Fabrik gesucht, in welcher der Taunus 12m P4 hätte gebaut werden sollen. Die belgische Stadt Genk machte ein entsprechendes Angebot, Grundsteinlegung war im Oktober 1962, ein Jahr später wurden schon erste 12m-Rohkarosserien zur Komplettierung nach Köln-Niehl spediert, kurz darauf liefen komplette Wagen in Genk vom Band, ab Herbst 1965 war Genk die einzige Produktionsstätte für den 12m. Das Werk war hochmodern und das erste in Europa, das Karosserien nach dem Elektrophorese-Verfahren lackierte. Das bot einen bis dato unerreichten Rostschutz, und die zuvor für eher nonchalante Lackierung bekannten Ford waren über Nacht die best lackierten und am besten gegen Rost geschützten Fahrzeuge. Auch der Taunus Transit wurde nun in Genk gefertigt, das Heilbronner Karosseriewerk Drauz verlor den lukrativen Auftrag und damit seine Selbständigkeit. Drauz wurde von NSU aufgekauft und ist heute Bestandteil des Thyssen-Krupp-Konzerns.

Programmerweiterung nach oben, Ford kehrte im September 1963 fast schon wieder in den Schnell-Laster-Bereich zurück: Der Taunus Transit 1500 war kein Transporter mehr, sondern ein kleiner Lastwagen mit 1,5 Tonnen Nutzlast. Identisch zu den bisherigen Modellen war nur das Fahrerhaus. Der Rahmen war eine völlige Neukonstruktion, keine Stahlblech-Rahmenanlage mehr, sondern ein veritabler Pressstahl-Kastenrahmen mit zwillingsbereifter Salisbury-Lastwagen-Hinterachse. Serienmäßig bot ihn Ford mit Hochpritsche und mit unterschiedlichen Kofferaufbauten an. Das war nun der ideale Nahverkehrs-Möbelwagen, und Erzrivale Volkswagen konnte dem Taunus Transit 1500 nichts entgegensetzen. Um der gestiegenen Nutzlast Herr zu werden, erhielt der 1500er einen stärkeren Motor, den 1,7-Liter-V4 aus dem 17m mit 1698 cm^3 und 60 PS. Gleichzeitig ein paar Verbesserungen für alle Taunus Transit: modifizierte Türgriffe mit ins Blech eingelassenen Griffmulden und Sitzverstellung, Mittel- statt Lenkradschaltung. Gleichzeitig 1962 nahm Ford einen auf dem Kleinbus-Spezial basierenden Campingwagen mit Westfalia-Ausstattung und Hubdach ins offizielle Verkaufsprogramm.

Szene aus Salzburg, vor dem Festspielhaus an der Hofstallgasse. Der Fotograf wollte weder den Käfer mit ovalem Ausfuhrkennzeichen noch den FK 1000 verewigen, sie sind nur zufällige Staffage. Aber höchst willkommen! Libella ist eine 1951 eingeführte deutsche Limonade, ab 1953 auch in Österreich vermarktet, abgefüllt zum Beispiel von der Stieglbrauerei in Salzburg als Konzessionär. Die Hausfarbe von Libella ist gelb/grün.

Holländischer Taunus Transit mit Thermosaufbau, damit die Fische auf dem Weg zum Einzelhändler oder ins Restaurant nicht stinkig werden. Aufnahme des schon etwas betagten Wagens in Den Haag im Jahre 1972, hinter ihm ein Buckel-Volvo.

Nicht von der Stange, auch nicht seriell hergestellt, sondern Einzelstücke nach Kundenwunsch: zwei sehr ähnliche FK 1000/1,5 Luxusbusse, der vordere im Heckbereich verlängert, der hintere in Serienausmaßen, mit vier respektive drei Oberlichtfenstern je Seite, hinteren Eckscheiben (bevor es das bei Ford ab Werk gab), und Lackierung im damaligen Omnibus-Stil. Gesellschaft erhält das Duo von einem Opel Kapitän '56 in zeitgenössischer Speziallackierung. Damals war die Lackierung sowie das Anbringen von Chromzubehör die Art, sein Auto zu individualisieren. Die Zweifarbenlackierungen wurden teilweise sogar mehrfach abgesetzt, und die überreiche Verwendung von Chromzierrat bedeutete stets eine Gratwanderung zwischen Kitsch und Kunst. Aufnahme vor einem Rathaus mit Marien-Apotheke, und leider wissen wir nicht, wo.→

Gegen Aufpreis bot Ford eine Zweikreisbremsanlage mit Bremskraftverstärker, eine Drehstromlichtmaschine und eine 12-Volt-Anlage an.

Das einzig Erwähnenswerte vor der Produktionseinstellung Ende 1965 nach 255.832 Fahrzeugen ist die kurzfristige Taunus-Transit-Montage im portugiesischen Ford-Werk Azambuja ab 1964, wo der alte Taunus Transit seinen Kölner Kollegen um ein Jahr überlebte: Montage aus angelieferten Einzelteilen, der Vorrat reichte eben bis ins Jahr 1966 hinein.

Früher FK 1000 Kombi als Bestattungswagen in Aktion. Er führt einen Trauerkondukt an. An den Flanken sind Blumenkränze befestigt, auf der großen Dachgalerie weiterer Blumenschmuck.

Ganz andere Interpretation des selben Themas: Sehr individuell gestaltete der darauf spezialisierte Karosseriebauer Stolle in Hannover diesen FK 1000/1,5 mit sehr verlängertem Heckabteil bei Serienradstand, leicht bombiertem Dach und tief über die Flankenlinie herab gezogenen Sargraumscheiben - im Moment durch Schabracken abgedeckt.

Der britische Bruder: Ford Thames 400E

Völlig unabhängig vom Kölner FK 1000/Taunus Transit hatte die britische Ford-Filiale den vergleichbaren Transporter Thames 400E im Programm. Im September 1957 mit einem in den USA entwickelten Design erschienen, optisch durchaus ähnlich in Frontlenkerbauweise, aber konstruktiv anders: keine vordere Starrachse, sondern moderne Einzelradaufhängung, und keine selbsttragende Bauweise, sondern konservativ mit separatem Fahrgestell, auf das die unterschiedlichen Karosserien (Lieferwagen, offener Lieferwagen, Kleinbus, Luxus-Kleinbus Deluxe Estate Van, Chassis/Kabine, alles andere war Angelegenheit externer Karosseriebauer) aufgeschraubt wurden, Produktion in Dagenham und in Kopenhagen. Auch er trug den Motor über den Vorderrädern und somit zwischen Fahrer und Beifahrer, aber natürlich englische Ford-Technik (dem Ford Consul entliehen): 1703-cm³-OHV-Vierzylinder mit immerhin 53, ab 1963 sogar 58 PS, und Perkins-4/99-1,6-Liter-Diesel mit 42 PS, jeweils mit Drei-

Die britische Variante, der Ford Thames 400E, Deckblatt des 1963er Prospektes. Der Stil ist weitgehend gleich wie beim deutschen Bruder, die Konstruktion aber anders: vordere Einradaufhängung und separates Chassis.

gang-Getriebe, ab 1963 Viergang. Mit dem Thames 400E versorgte Ford-England neben den britischen Kolonien die EFTA-Länder, vor allem Skandinavien, während in der Schweiz und in Österreich eher zum deutschen FK 1000 gegriffen wurde. Die Produktion endete im August 1965 nach 187.000 Exemplaren, sein und des FK 1000/Taunus Transit gemeinsamer Nachfolger war der Transit Kurzhauber.

Kurioserweise gab es in den USA zeitgleich einen dritten Transporter dieser Größenkategorie, den Ford Econoline (später: E-Series), im September 1960 vorgestellt und optisch und konzeptionell dem Briten sehr ähnlich. Aber, USA-typisch eben, viel voluminösere Motoren, 2,4 bis 3,9 Liter große Reihensechszylinder. Der Econoline (und seine Bus-Version Club Wagon) waren sozusagen Mittelmotor-Transporter, denn der Antrieb saß hinter der Vorderachse, vordere und hintere Starrachse wie der Taunus Transit. In Kanada wurde der Ford Econoline als Mercury verkauft. Er wurde bis 1967 gebaut, danach mehrere Generationen der E-Serie bis 2014, und seither wird der Transit auch in den USA angeboten.

Und nochmals ein Markenbruder, und wieder anders: Der amerikanische Ford Econoline bediente das selbe Transportersegment, trug aber einen Mittelmotor hinter den Fahrersitzen. Im Bild ein Econoline Falcon Deluxe Club Wagon von 1964.

Mit Kölner Herzen: Ostner Rex 4 und Faun F24

Es muss eine besondere Freundschaft zwischen Ford und Ostner bestanden haben, dass Ford seinen Pkw-Motor aus dem Taunus an Ostner und später Faun verkaufte, um dort einen Transporter anzutreiben – nachdem Ford mit dem FK 1000 einen identisch motorisierten Konkurrenten im Angebot hatte.

Unter den westdeutschen Nachkriegstransportern ist der Faun F24 das wohl unbekannteste Wesen - von absoluten Nischenfahrzeugen wie dem Manderbach mal abgesehen. Mit Faun bringt man einfach keine Transporter in Verbindung. Sie gehören auch nicht zur Kernkompetenz der Franken (Faun ist die Abkürzung für Fahrzeugfabriken Ansbach und Nürnberg und hat nichts mit dem römischen Gott Faunus zu tun). Hätte Magirus nicht den Faun F24 als Basis für sein leichtes Löschfahrzeug LF8 verwendet, so wäre dieser Wagen komplett in Vergessenheit geraten, trotz seiner langen Bauzeit von 1958 bis 1970 - wobei das Produktionsende je nach Quelle unterschiedlich angegeben wird, 1970 oder schon 1968. Vielleicht wurden nach 1968 letzte Fahrzeuge aus vorhandenen Teilen erstellt.

Zur Abrundung nach unten übernahmen die Faun-Werke 1955 die Willy-Ostner-Werke sowie deren Produkt, den Lieferwagen Ostner Rex 4. Er konkurrierte in der Eintonner-Klasse ab 1950 mit dem VW Bulli und Tempo Matador sowie später dem Ford FK 1000 und Goliath Expreß. Den Motor bezog Ostner von Ford, der Taunus-Motor mit 1,2 Litern und erst 34, ab 1952 sogar 38 PS, 1954 kam ein 40-PS-IHC-Traktordiesel dazu. Ostner strebte auf, sein Rex auch, bis hin zum 1,5-Tonner mit 55-PS-Ford-Motor. Willy Ostner war hoch verschuldet, und vier Jahre vor seinem Tod musste er 1955 sein Werk an Faun verkaufen. Faun ließ die Rex-Serie bis 1958 unverändert weiterbauen und entwickelte parallel dazu einen Frontlenker. So erschien 1957 zusätzlich der Faun F24, ein Frontlenker der 2-Tonnen-Klasse.

Ein Blick auf den Ahn des Faun F24, den Ostner Rex 4 mit seiner 1950 sehr modernen Gestaltung. Sie orientierte sich, wie der 1952er Opel Blitz und der 1950er Hanomag L 28, an der jüngsten Nutzfahrzeug-Mode aus den USA, speziell dem Chevrolet mit dem so genannten Advance Design (1947 bis 1955). Deckblatt des Prospektes von 1953.

Faun bot diverse Aufbauten, auch einen integrierten Kastenwagen. Sehr zeittypisch gestaltetes Cover des F24-Verkaufsprospektes aus den End-50ern.

Zunächst wurde er im Ostner-Werk gebaut, 1962 wurde die Produktion in das Nürnberger Zweirad-Union-Werk verlagert und Ostners Fabrik wurde zum Faun-Ersatzteillager und Reparaturbetrieb für Faun-Bundeswehr-Fahrzeuge. 1989 wurde es aufgelöst (und alsbald abgerissen), nachdem Faun von Orenstein & Koppel übernommen worden war.

Der Faun F24 hat einen recht freundlichen Blick und sieht von vorne ganz herzig aus. Aber die seitliche Gestaltung ist lieb- und einfallslos. Nur Flächen, nichts, was auflockert, keine Lichtkante, keine Sicke. Dafür ein nach vorne unten gezogenes, völlig hilflos wirkendes Dreiecksfenster. Faun offerierte den F24 mit luftgekühlten Deutz- und wassergekühlten Kämper- und MWM-Dieselmotoren, auch die Aggregate des Ford 15m und 17m kamen zum Einsatz (55 oder 60 PS). Werksseitig bot Faun den F24 als Kasten-, Koffer- und Möbelwagen an, darüber hinaus Dreiseitenkipper und natürlich Pritschenwagen mit Einfach- oder Doppelkabine. Also betätigte sich Faun, was die Aufbauten betrifft, als Vollsortimenter, um jeder Branche das Gewünschte zu bieten. Aber auf Westdeutschlands Straßen in den 50ern und 60ern blieb der Faun L24 stets eine Ausnahmeerscheinung. Gekauft wurde er wohl am ehesten in Franken und Bayern. Aus Lokalpatriotismus.

Er existiert nicht nur als gezeichnete Graphik, sondern auch als real existente Erscheinung: Faun F24 mit speziellem Aufbau von Stadler in Neu-Ulm für einen Brennstoffhändler mit unter der Pritsche integriertem Heizöltank, und auf der Pritsche konnten Kohlesäcke transportiert werden.

Noch einer mit Ford-Motor: Manderbach

Der Ostner Rex respektive Faun F24 war nicht der einzige selbständige Lieferwagen mit Ford-Taunus-Motor. Es gab noch einen, den Manderbach. Louis Manderbach aus dem hessischen Wissenbach hatte 30 Jahre lang Pferdefuhrwerke gebaut, bis er 1928 Lieferdreiräder (vorne Motorrad, hinten Pritsche) herstellte, ähnlich den sächsischen Framo-Produkten. Mit Framo kam es zur Zusammenarbeit, Manderbach baute einen Teil der Framo Drei- und Vierradlieferwagen in Lizenz und verkaufte sie unter eigenem Namen (Manderbach Condor). Nach dem Krieg war dies durch die deutsch-deutsche Teilung nicht mehr möglich. Louis Manderbach konstruierte einen neuen Lieferwagen, bei Fahrgestell und Fahrwerk orientierte er sich am Framo (U-Profil-Rahmen, vordere Einzelradaufhängung mit einer Querfeder, hintere Starrachse mit Blattfedern), Bremsen zunächst mechanisch, ab 1950 hydraulisch. Die Optik des 1949 herausgekommenen Wagens war modern, ein imposanter, spitz zulaufender Kühler à la Opel Kapitän, und sowohl dimensional als auch optisch konnte man den Manderbach mit dem ostdeutschen Framo V 501 fast verwechseln, obgleich er ein eigenständiges Äußeres trug. Statt eines DKW-Motors wie bisher griff Manderbach zum Taunus-Aggregat (zunächst 34, dann 38 PS), alleine wegen dessen Verfügbarkeit. Louis Manderbach starb 1949, sein Sohn leitete die Geschäfte weiter. Die Produktion endete 1956 mit der Pleite nach 589 Fahrzeugen, ¾-Tonner, zumeist Pritschenwagen und Transporter, auch verglaste Kombis und Viehtransportwagen, Einzelstücke als Reklamewagen und fahrbare Verkaufskioske. Ganz wenige Manderbach haben überlebt.

Abbildungen aus dem Manderbach-Prospekt von 1949 (noch mit mechanischen Seilzugbremsen): Der geschlossene Transporter wird als »Einheitstyp« bezeichnet. Die Zeichnung stellt den Manderbach idealisiert dar, insgesamt niedriger und somit dynamischer, als er war. Tatsächlich hing er auch nicht so tief in den Federn.

Der populärste Typ war der Hochpritschenwagen, das brauchte Deutschland damals. Aber was heißt schon populär? Der Manderbach war stets ein seltener Vogel, seine Verbreitung eher regional. Es fehlte Louis Manderbach schlichtweg an einem deutschlandweiten Vertrieb, woran das Projekt letztlich auch scheiterte.

Auf dem Weg zum Rotkäppchen: Wenn zwei sich streiten…

Kurz nach Einführung des FK 1000 begannen bereits die Arbeiten am Nachfolger – das ist in der Branche üblich. Köln wollte dem Frontlenkerprinzip treu bleiben, das Fahrzeug aber moderner gestalten, auf jeden Fall mit modischer Panoramascheibe. Als Produktionsbeginn wurde das Jahr 1958 anvisiert. Ford engagierte dafür auf Honorarbasis den ägyptischen Formgestalter Muruk, der für Drauz bereits einige Omnibusse gestaltet hatte. Erste Entwürfe gerieten zu fortschrittlich mit einem Dach, das wie ein Baldachin schwebte, und dem hinter dem Fahrer quer eingebauten 12m-Motor (Ford-intern »ägyptische Straßenbahn« genannt). Der Kurzhauber-Transit, wie er ab September 1965 sowohl in Genk als auch in Langley vom Band rollte, hatte mit diesem Transporter-Entwurf rein gar nichts zu tun. Der 1965er Transit war die erste europäische Ford-Entwicklung, und gleichzeitig kam sie aus den USA, weil der gesamteuropäische Ford-Motor nicht auf Anhieb die nötige Drehzahl und Elastizität erreichte.

In Deutschland hatte der neue Transit den Taunus-Transit, also ehemaligen FK 1000, zu ersetzen, in England den Thames 400E, der ebenfalls ein Frontlenker-Transporter war. Schon 1962 regte Köln in Dagenham eine gemeinsame Fertigung desgleichen

Autos an, aber keine gemeinsame Entwicklung. Die sollte im jeweiligen Land erfolgen, und das beste Resultat sollte dann gemeinsam gebaut werden. Das hört sich weise an, doch in der Realität gab es nach wie vor Befindlichkeiten und Eigenheiten der jeweiligen Ford-Filialen, die zum Misserfolg des Projektes führten. Köln entwickelte nämlich einen reinen Frontlenker, während Dagenham seinem Transporter einen leicht vorgesetzten Kühler spendierte, also zumindest ansatzweise einen Kurzhauber konstruierte. Beide Seiten hatten gute Argumente für ihren Ansatz, ein Kompromiss war nicht möglich, eine Entscheidung zugunsten eines Layouts kam nicht zustande. Die Konzernzentrale in Dearborn war »not amused« und griff ein. Dort wurde kurzerhand ein Transporter konstruiert und den beiden Streithähnen als fertiges Konzept zur Umsetzung vorgestellt. Köln und Dagenham mussten es prinzipiell übernehmen, die definitive Konstruktion erfolgte in England. Unterm Strich dürften die Briten damit glücklicher gewesen sein als die Deutschen, denn in den USA wurde ein Kurzhauber entwickelt, was Dagenham schon zuvor favorisiert und Köln abgelehnt hatte. In Abwandlung des bekannten Sprichwortes: Wenn zwei sich streiten, greift der Dritte durch. Oder, im Fichte'schen Sinne, auch abgewandelt: These und Antithese führen nicht immer zur Synthese. Ursprünglich war nicht mal die Rede davon, dass beide Filialen ihre eigenen Motoren einbauen. Sie taten es dennoch. Köln setzte auf seine V4-Aggregate, die Engländer bauten ihre Essex-V4 ein. Einig war man sich, wer welche Märkte zu beliefern hatte: Dagenham baute für den Heimatmarkt, die britischen Kolonien und für alle Länder mit Rechtsverkehr sowie jene Länder der Europäischen Freihandelszone EFTA (Schweiz, Österreich, Skandinavien, Portugal), Köln baute in Genk für Deutschland, die Länder der Europäischen Wirtschaftsgemeinschaft EWG (Frankreich, Italien, Benelux) und sonstige Linksverkehr-Exportmärkte. EWG und EFTA waren damalige Zollhandelsassoziationen, innerhalb derer einheitliche Zollsätze galten.

So gesehen war der Transit also das erste Produkt von Ford of Europe, im Juli 1967 gegründet und in London angesiedelt - was schon durch den Standort eine gewisse Vormachtstellung der britischen Filiale bedeutete. Bei Ford hatte zuvor bei europäischen Entwicklungen ein Zuständigkeitswirrwarr geherrscht. Es gab ein britisches Designzentrum und ein deutsches und beide beanspruchten für sich die Hoheit über den Autogeschmack - der allerdings in Großbritannien deutlich anders war als in Kontinentaleuropa und überdies letztendlich von der Konzernmutter in den USA diktiert wurde. Ford of Europe sollte nach Henry Fords Willen Köln und Dagenham in Einklang bringen. Während General Motors seine beiden europäischen Töchter Opel in Deutschland und Vauxhall in England damals noch weitgehend unabhängig voneinander agieren ließ, versuchte Henry Ford II, Ford-Deutschland und Ford-England zu synchronisieren. Ford-England hatte für die Konzernzentrale allerdings den größeren Stellenwert, der Marktanteil auf dem britischen Markt war höher als jener Kölns auf dem deutschen, steuerliche Vorteile bot der Standort London ebenfalls. Außerdem gab es keine Sprachbarriere mit der Zentrale. Ford of Europe wurde eher von englischen oder gar amerikanischen Managern dominiert, aber dennoch zogen auch deutsche vom Rhein an die Themse. Das erste Produkt dieser Ford-Europalinie war der Escort 1968, dann der Capri 1969, Taunus/Cortina 1970 und Consul/Granada 1972. Im Dezember 1965 wurde der Transit in Deutschland präsentiert.

Aus England kommt das Auto, aus Deutschland sein Name

Der Projektname des neuen Transporters lautete Redcap. Das ist in der britischen Folklore ein bösartiger und blutrünstiger Kobold, nicht zu verwechseln mit dem netten Mädchen namens Rotkäppchen aus Grimms Märchen, das zusammen mit seiner Großmutter vom bösen Wolf gefressen, aber vom Jäger danach aus dem Bauch des im Verdauungsschlaf liegenden Wolfes befreit wird. In den USA unter Leitung des Konstrukteurs Edmund Baumgartner entstand das Konzept, die Feinarbeiten erledigte Ford-Dagenham, ebenfalls unter Baumgartners Management, denn Henry Ford sandte ihn 1960 an die Themse. Seine hauptsächlichen Mitarbeiter beim Projekt Redcap waren die Techniker Vernon Preston, Charlie Baldwin und Fred Ray, die sich um das Fahrwerk kümmerten, der Designer Don Ward schuf auf Basis des grundlegenden US-Designs das endgültige Styling des Ford Transit. Das heißt, Ford-Köln war bei der Transit-Entwicklung weitgehend außen vor, auch wenn im Nachhinein von einer Gemeinschaftsentwicklung gesprochen wurde. Der Transit '66 war faktisch eine englische Entwicklung nach US-Vorgaben, und Köln durfte seine eigenen Motoren

Freundlicher Blick, fast schon verschmitztes Lächeln: Früher Transit Kombi in Luxusversion mit seitlichen Schiebefenstern, Chrom an Radkappen, rund um die Scheinwerfer und Chromstoßstangen mit Hörnern.

Abgenommene Haube: kurz ist sie, ein Kurzhauber ist er und kurz sind die V4-Motoren. Die seitliche Schiebetüre war auch für Kontinental-Transit lieferbar, aber der britische Markt bevorzugte sie.

verwenden und den Namen »Transit« beisteuern. Die Köche waren also Amerikaner und Engländer, die Deutschen durften das Süppchen gerade mal würzen.

Klar war von vorneherein: Der Transit wird ein Kurzhauber. Dadurch ist ein ansprechendes Design überhaupt erst möglich, der Motor ist gut positioniert und ebenso gut zugänglich, in der Kabine ist dadurch ausreichend Platz und es gibt die Möglichkeit einer effizienten Geräuschdämmung. Obendrein erhöht die Kurzhauberbauweise das subjektive Sicherheitsgefühl von Fahrer und Beifahrer, die im Falle eines Frontalunfalls nicht um ihre Beine fürchten müssen. Deutsche Ford-Händler konnten während der Transit-Verkaufsgespräche letzteres Argument gar nicht oft genug wiederholen, denn genau darunter litt der Heckmotor-Volkswagen Zeit seines Lebens. Zum Kurzhauber wurde der Volkswagen Transporter erst mit der Generation T4 ab 1990.

In Großbritannien werden die Transit-Generationen anders gezählt als in Deutschland. Für die Briten ist der '66er Transit der Mark One (also Mk I, die erste Generation), nach deutscher Zählweise natürlich die zweite, weil schon der Vorgänger »Taunus Transit« geheißen hatte. Auch der Produktionsstart ist unterschiedlich. In GB begann die Fertigung am 9. August 1965 und die Auslieferung kurz darauf, weswegen es dort 1965er Erstzulassungen gibt, während in Kontinentaleuropa die Präsentation am 4. Dezember 1965 stattfand und die Auslieferung erst 1966 begann, obgleich die Fertigung am 25. September 1965 startete. Deutsche Transit sind keine solchen, sondern kommen allesamt aus Genk in Belgien (weswegen wir nicht vom deutschen

Typischer Lieferwagen mit Werbeaufschrift. Er ist ein Servicefahrzeug des Tankaufbauherstellers Stadler aus Neu-Ulm.

Transit, sondern vom Kontinental-Transit sprechen), und in England zog die Transporterproduktion vom Stammwerk Dagenham in die neue Fabrik in Langley um, Karosseriebau im Ford-Werk Swaythling/Southampton, das 1971 die komplette englische Transit-Fertigung übernahm. Ein reiner Montagebetrieb blieb das portugiesische Azambuja, wo schon der Taunus Transit montiert wurde, und dort lief der Kontinental-Transit ausschließlich für Portugal vom Band. Englische Transit in Montage kamen aus Seaview in Neuseeland, Homebush und Broadmeadows in Australien (dort auch mit einem 3,3-Liter-Reihensechszylinder mit 105 PS mit der Frontpartie des Transit Diesel) und aus Port Elizabeth in Südafrika. Die Stückzahlen von Genk und England waren anfangs auf ungefähr gleichem Niveau, doch je älter

Zwei lange, britische Transit Kombis im Zebralook, eingesetzt im Woburn Abbey Reservat, dessen Eigentümer der Duke of Bedford ist.

Ford hat nachgezählt. 33.000 frische Landeier passen in den Laderaum des langen Transit, der in seiner ersten Version hinten stets zwillingsbereit war.

Ein Polizei-Mannschaftswagen wird abgespritzt, zwei Blaulichter und ein Lautsprecher auf dem Dach, am Grill zwei Sirenen, tannengrüne Lackierung.

und reifer der Transit wurde, desto eher überwog die britische Fertigung.

Vom generellen Layout Frontmotor mit Heckantrieb abgesehen, war alles am Transit neu. Neu war auch, dass er ein Design hatte. Zuvor waren die meisten Transporter weitgehend ohne Rücksicht auf Ästhetik gezeichnet gewesen, der Grundsatz »form follows function« hatte alleinige Gültigkeit. Der Transit hingegen schaut richtig freundlich in die Welt. Die viereckigen Einfassungen der Rundscheinwerfer wirken wie eine Brille, der breite, schmale Grill wie ein lachender Mund, die Blinker wie Grübchen und die um die Ecken der Kotflügel gezogene und geriffelte Zier wie hochgezogene Mundwinkel - was durch die weiße Lackierung dieses Ensembles noch betont wird. Die ungewöhnlich große Windschutzscheibe, fast so groß wie bei einem leichten Lastwagen, sorgt nicht nur für Panoramablick, sondern wirkt wie die hohe Stirn eines Kleinkindes. Der Transit, trotzdem er ein ziemlicher Brocken ist, hat eine Kindchen-Anmutung, schaut den Betrachter treuherzig an und weckt Sympathien - auch bei den Käufern. Durch die Kurzhauberbauweise erscheint er, verglast als Kombi oder Kleinbus, im Profil wie ein übergroßer Pkw-Kombi, zumal die Seitenflächen nicht plan sind, sondern durch eine Sicke in Höhe der Gürtellinie (analog einer Seitenzierleiste) sowie durch eine darunter verlaufende Kante aufgelockert wird, die im hinteren Bereich einen kecken Knick nach unten macht. Der Transit war ein hübsches Fahrzeug. Das erwartete damals niemand von einem Transporter, aber jeder nahm es wohlwollend zur Kenntnis. Dem Diesel hingegen war das Lachen vergangen. In Großbritannien war von Anfang an ein Dieselmotor im Angebot (Perkins Typ 4/108 mit 1760 cm^3 und 50 PS), während Köln erst 1972 eine eigene Dieselversion brachte. Weil der Perkins-Diesel länger baute als die V-Motoren, wurde die »Bullnose«-Version kreiert (auch: »Pig-Snoot« = Schweinerüssel), der Transit mit der langen Frontpartie. Die Verlängerung fand nur im mittleren Bereich vorne statt, ein riesiger, viereckiger Grill, der mit den Scheinwerfereinfassungen korrespondierte. Die Kotflügel sind identisch zur Benzinversion, also mit den hochgezogenen Mundwinkeln, aber nicht weiß hervorgehoben. Das ist nur der große Grill. Dem Diesel sieht man die stilistische Improvisation auf den ersten Blick an, er ist nicht aus einem Guss, er ist nachträglich modifiziert.

Der Transit war vielseitig und entsprach den Kundenwünschen und -anforderungen. Es gab zwei Radstandversionen (2692 und 2997 mm) mit unterschiedlichen Dachhöhen (kurz: 2040 mm, lang 2240 mm), und mehrere Türkonzepte ließen sich variieren. Für die Fahrerkabine normale Türen oder Schiebetüren (letztere in GB populärer als auf

Da kommen sie her: Das Fließband im belgischen Genk. Der Kontinental-Transit war stets ein Belgier.

dem Kontinent), seitlich Schlag- oder Schiebetüren, hinten entweder eine große Klappe oder Flügeltüren. Ford offerierte Lieferwagen, Kombi, Achtsitzer-Kleinbus mit feiner (Bus) oder feinster (Panorama-Bus) Ausstattung, Hoch- und Tiefpritsche, Doppelkabine mit Pritsche sowie die Kabine auf Fahrgestell als Basis für Sonderaufbauten – und die meisten dieser Versionen mit beiden Radständen. Je nach Fahrwerk und Räder/Reifen hatte der Transit zwischen 1,9 und 3,25 Tonnen Gesamtgewicht, was sich in den Modellbezeichnungen FT 600, FT 900, FT 1000, FT 1100, FT 1300, FT 1500 und FT 1750 ausdrückte: »FT« für »Ford Transit« und die Zahl gibt die Zuladung in Kilo an. Die oberen drei Gewichtsklassen, nur mit der langen Karosserie kombinierbar, tragen hintere Zwillingsräder und deswegen ausgestellte hintere Kotflügel.

Die Technik war simpel, vorne und hinten Starrachsen mit Blattfedern, hydraulische Bremsen (ab 1969 Zweikreisbremsen), Bremskraftverstärker auf Wunsch. Der Kontinental-Transit mit vier deutschen V4-Motoren: 1183 cm³ mit 45 PS, 1305 cm³ mit 50 PS, 1498 cm³ mit 60 PS und 1699 cm³ mit 65 PS, allesamt den Ford-Personenwagen 12m, 15m und 17m entlehnt. Zumindest mit den kleinvolumigen Maschinen war der Transit heillos untermotorisiert. Das britische Äquivalent hatte mehr Kraft, die Engländer hielten ihren Essex-V4 (1663 cm³ mit 73 und 1996 cm³ mit 85 PS) für einen weit besseren Motor als den Kölner V4, und für Spezialfahrzeuge in England war sogar der 3-Liter-Essex-V6 mit 100 PS vorgesehen (Ambulanz, Polizei, Feuerwehr, jeweils mit der Diesel-Frontpartie, weil der V6 länger baut als der V4). Henry Ford wusste von dieser nationalen Eigenheit (zunächst) nichts; er dachte, die europäischen Transit seien bis auf die Anordnung des Lenkrades identisch. Aber der Big Boss muss ja auch nicht alles wissen.

Allgemein wurde der Transit positiv aufgenommen (nur Werner Oswald mit seiner legendären Ford-Antipathie schimpfte lautstark über die »lärmende Blechschachtel« mit »ärgerlichen Mängeln« und »primitivem Fahrwerk«). Natürlich war es im Transit laut, schon alleine wegen der nicht laufruhigen und aufgrund der geringen Leistung stets voll geforderten V4-Motoren, natürlich dröhnte die

Sonderfahrzeuge im ersten Produktionsjahr 1965, auch Serienversionen reihten sich ein fürs Familienfoto. Ein Campingwagen gehörte stets ins Werksprogramm, anfangs von Westfalia in Dormobile-Machart. Prominent im Vordergrund der Panorama-Luxusbus mit Dachrandverglasung und Passat-Luke.

Der Walk-Thru-Van war konzeptionell eine typisch anglo-amerikanische Aufbauart, und der Transit war auf dem Kontinent seinerzeit ziemlich einzigartig. Hier lernte man das Genre erst viel später kennen, als UPS Mitte der 80er Jahre mit seinen Lieferwagen in Pullmanbraun der Deutschen Bundespost im Paketdienst Konkurrenz machte.

Karosserie wegen der großen Blechflächen, die für viel Laderaumvolumen sorgten, natürlich bietet ein Starrachsenfahrwerk wenig Komfort, aber dafür Solidität. Und allzu bequem hatte es der Fahrer nicht. Damals wurden Nutzfahrzeuge unter anderen Prämissen als Personenwagen konstruiert. Der Fahrer in einem Nutzfahrzeug fuhr nicht zum Vergnügen, sondern im Rahmen seiner Arbeit. Fahren also als Arbeit. Und Arbeit ist hart! Erst allmählich kristallisierte sich heraus, wie motivierend ein angenehmer Arbeitsplatz sein kann. Ein gutes Argument Oswalds war allerdings die unglückliche Position der Außenspiegel auf den Kotflügeln. Sie vibrierten beim Fahren und der Fahrer musste aussteigen, um sie zu verstellen. Aber diese Position war eben der britischen Zulassungsordnung geschuldet, wonach ein Auto mit Motorhaube die Außenspiegel auf den Kotflügeln tragen musste. Und im Zuge der Einheitlichkeit hatte somit auch der Kontinental-Transit seine Spiegel an dieser Stelle. Eine gute Idee: der auf Wunsch durchgängige Innenraum ohne Trennung zwischen Fahrerkabine und Transportraum. Der Beifahrersitz ließ sich zur Laderaumverlängerung mit wenigen Handgriffen herausschrauben.

Generell wurde der neue Transit gut aufgenommen, seiner Vielseitigkeit wegen (zwei Radstandsversionen, 18 Türkombinationen, insgesamt 44 Modelle), bequemer Einstieg, gute Sitzposition des Fahrers, große Windschutzscheibe, gut zu schaltendes Viergang-Getriebe, bessere Unfallsicherheit als ein Frontlenker, gut zugänglicher Motor, hübsches Aussehen. Die Solidität des Volkswagen Trans-

Der Älteste, der überlebt hat: Der gelb-schwarze 1965er Transit in seinem originalen Livrée von GEC Traffic Automation ist heute ein gehüteter Schatz der britischen Ford Heritage Fleet, ein echter »working class hero«.

porters erreichte der Transit nicht und das VW-Servicenetz war unschlagbar, in Deutschland blieb der Ford die Nummer Zwei. Auf der Insel war er ein Bestseller, die unangefochtene Number One, und auf allen Exportmärkten, auf denen der VW nicht so gut etabliert war, verkaufte er sich ebenfalls bestens. In Frankreich hatte er stets gegen die einheimischen Platzhirsche zu kämpfen, in Italien war er sehr beliebt, in Skandinavien Marktführer unter den Transportern. Österreich und Holland waren VW-Land (obgleich der Transit in Amsterdam ab 1973 für den lokalen Markt produziert wurde), in Belgien und auf der iberischen Halbinsel wiederum war der Transit Marktführer. In Großbritannien bewarb Ford den Transit auch offensiver als in Deutschland, nicht nur als Nutzfahrzeug. Es gab eine Wahl zur Miss Transit, Pop- und Rockgruppen wählten ihn zu ihrem viel beachteten Tourbus und der einzigartige Transit Supervan kombinierte die Transporter-Karosserie mit Rennwagentechnik. Selbst britische Bankräuber votierten für den Transit, und ein Sprecher von Scotland Yard berichtete 1972, bei 95 Prozent aller Banküberfälle sei der Transit das Fluchtfahrzeug, weil er die Fahreigenschaften eines Pkw mit den Ladekapazitäten eines Transporters verbinde. Laut Scotland Yard war der Transit damals »Britain's most wanted Van«. Dieser qualitative Unterschied in der Bewertung des Transit ist bis heute gültig: In Deutschland dreht man auf Klassikertreffen den Kopf nach einem VW Sambabus, in England nach einem frühen Transit. Den ältesten bekannten Transit, einen gelb/schwarz lackierten, voll restaurierten Lieferwagen des Baujahrs 1965 (Kennzeichen HYM 783 C), besitzt der englische Ford Hertitage Trust und zeigt ihn stolz auf Klassiker-Events.

Von Anfang an offerierte Ford zwei Kleinbusvarianten, der Bus und den Panoramabus. Der Bus

Zweifarbiger Bus inmitten einfarbiger Schafe. Der Transit wirkte wegen seines Designs viel personenwagenmäßiger als sein deutscher Hauptkonkurrent aus Hannover. Er sah aus wie ein großer Pkw-Kombi, nicht wie ein Transporter. Das schätzten die Fahrgäste. Denn sie wollten ja reisen und nicht transportiert werden.

Bewundertes Ausstellungsstück auf der Internationalen Bootsschau und Wassersportausstellung in Berlin im März 1966, der Transit Campingwagen von Westfalia in Dormobile-Bauart. »Dormobile« hießen die patentierten Campingwagen des britischen Karosseriebauers Martin Walter in Folkestone (Kent) mit dem aufklappbaren Dach. Wer, wie Westfalia, diese Bauart ebenfalls anbot, musste den Namen »Dormobile« nutzen und Gebühren bezahlen.

als 9-, 12- oder 15-Sitzer (letzteres bei langem Radstand) trug Chromstoßstangen und der Bereich rund um die Seitenfenster wurde weiß lackiert. Innen gepolstertes Armaturenbrett und freundlich ausgeschlagener Innenraum. Dann gab es den Kleinbus Panorama (9- oder 12-Sitzer, nur kurzer Radstand) mit sechs Oberlichtfenstern und der vom Vorgänger bekannten Passat-Luke im Dach, ebenfalls weißer Bereich rund um die Seitenfenster, Stoßstangenhörner, Radzierringe, Sitze kombiniert in Kunstleder mit Stoff bezogen. Schon 1967 war beim Bus und Panoramabus nicht mehr nur der Bereich um die Seitenfenster weiß, sondern das komplette Dach, der Panoramabus bekam pro Seite zwei verchromte Zierleisten spendiert. Im gleichen Jahr kam der Großraum-Kastenwagen ins Programm mit 1,90 Metern Laderaumhöhe, je nach Radstand 8 oder 10,5 m³ Ladevolumen (gegenüber 5 oder 7,4 m³ beim normalen Transit je nach Außenlänge). Das ist eine Art Walk-Thru-Van nach angloamerikanischem Vorbild, zuvor noch nie auf dem deutschen Markt erhältlich. Damit waren es also schon 46 unterschiedliche Transit-Modelle, ein weiteres kam im Folgejahr, die Ganzstahlpritsche. Rasch baute Ford das Sonderfahrzeugprogramm aus, Angebote externer Hersteller im Vertrieb über das Ford-Händlernetz: Westfalia Dormobile-Campingwagen, Viehtransporter, Kühlwagen, Verkaufs- und Getränkewagen, Fleischtransporter, ölhydraulische Arbeitsplattform, Kipper, Abschleppwagen, Doppelkabine mit Drehbühne und Nachläufer (für Stangen- oder Baumstammtransport), Kastenwagen mit Hochdach, diverse Feuerwehr- und Ambulanzfahrzeuge, auch eine kleine Drehleiter. Die Briten hatten andere Sonderfahrzeuge, dem nationalen Bedürfnis geschuldet, zum Beispiel »Bottle Floats«, also Milchwagen für die tägliche Auslieferung, Speiseeisverkaufswagen und von Anfang an Kleinomnibusse auf Basis des langen Transit. Im Gegensatz zu Köln bot Ford-England eine »Luxus«-Version an, das so genannte Custom-Modell mit entsprechendem Chromschriftzug auf den Vorderkotflügeln: spezielle Türkombinationen waren in GB nicht als Einzelextra lieferbar, sondern im Custom-Pack, dazu die Chromausstattung und innen ein paar Nettigkeiten für Fahrer und Beifahrer, darunter ein mit Pseudoholz beklebtes Armaturenbrett. In den ersten Jahren gab es kaum eine Weiterentwicklung, das Auto war ja eine komplette Neukonstruktion. Analog zum Personenwagen bekam der kleinste Transit, der FT 600, im Oktober 1966 den 1,3-Liter-V4 mit 50 PS statt des 1,2-Liters mit 45 PS. Anfang 1969 wurde aus dem FT 900 der FT 1100 mit verstärkten Federn,

In GB waren Wohnmobile viel früher en vogue als in Westdeutschland, es gab mehr Anbieter, überhaupt hatte das Campen eine längere Tradition und ein höheres Ansehen. Dieser Transit trägt einen Wayfarer-Ausbau und ist somit ein Lizenzprodukt, denn Wayfarer ist nicht britisch, sondern australisch. Die Firma Caravan International im engischen Dorset baute den Wayfarer-Transit in England, und Ford-GB hatte ihn im offiziellen Programm.

Ein früher Bestattungs-Transit vom Spezialisten Christian Miesen in Bonn mit durchgehender Sargraumscheibe und dem Flankenschutz vom luxuriösen Panoramabus.

Stoßdämpfern und Reifen. Die Umstellung auf Zweikreisbremsanlage und die Warnblinkanlage waren eine Reaktion auf geänderte Zulassungsvorschriften. Mehr innere Sicherheit 1969: Kipp- statt Zugschalter, versenkte Türgriffe, entschärfte Fensterkurbeln, Schwenktür mit ausklappbarer Trittstufe beim Bus.

Derselbe Wagen von hinten, mit der großen Heckklappe und dem für die ersten Transit bis 1971 gültigen Chrom-Heckschriftzug.→

Ebenfalls von Miesen stammt dieser Bestattungswagen auf langem Fahrgestell, realisiert auf Chassis/Kabine mit sehr individuellem Aufbau. Er konnte bis zu vier Särge transportieren, ein Wagen für Überführungsfahrten, weniger für Begräbnisse.↓

Aus freundlich wird ernst: Facelift 1971

Nach sechs Jahren Bauzeit erfuhr der Transit im Januar 1971 sein erstes Facelift. Es gab keine wesentlichen technischen Änderungen, aber einen zusätzlichen Motor. Der in GB längst eingeführte 2-Liter-Essex-V4 mit 1996 cm³ und 75 PS (ab 1974: 80 PS) machte den Transit zu Europas schnellstem Transporter mit Tempo 125 Höchstgeschwindigkeit. Das war besonders fein für Kleinbusse auf der Autobahn, auch für Feuerwehrfahrzeuge - und Ford knüpfte damit an die alte FK-1000/1,5-Tradition an, als der Ford-Transporter der Stärkste im Konkurrenzkampf war. Auch der Dieselmotor und somit die modifizierte Diesel-Front hielten ab Januar 1971 Einzug ins kontinentale Transit-Programm. Aber nicht der untermotorisierte, englische Perkins-4/108-Diesel (der dort bis 1973 im Programm blieb), sondern ein Ford-eigenes Gewächs, der so genannte York-Motor mit 2358 cm³ und 51 PS (FT 75 und FT 100) oder 62 PS (FT 125 bis FT 175). Ihn übernahm die englische Filiale zum Modelljahr 1974. Dieser York-Wirbelkammer-Diesel sollte ewig lange in diversen Transit-Generationen Dienst tun, ab 1984 als 2.5 DI Direkteinspritzer, und dieser Motor war dafür bekannt, locker 300.000 Kilometer ohne Grundüberholung zu erreichen. Der Transit Diesel litt in Deutschland unter der eigenartigen Ford-Vertriebsorganisation, wonach Pkw- von Lkw-Händlern getrennt waren. Der Transit Benziner wurde über die Pkw-Verkaufsschiene und somit flächendeckend angeboten, den Transit Diesel hingegen bekam man nur von den wenigen Ford-Nutzfahrzeug-Händlern. Der kleinste Transit-Motor, der 1300er-Benziner mit 50 PS, entfiel mit dem Facelift.

Ein Facelift wäre kein solches, wenn das Face nicht geliftet worden wäre: Ford überarbeitete die Frontpartie und nahm dem Transit seinen freundlichen Blick zugunsten eines ernsten Aussehens. Es gab nun keinen schmalen, länglichen Grill mit darüber liegender, zusätzlicher Luftöffnung mehr, sondern einen viel größeren, rechteckigen Grill. Nach wie vor wurde er weiß lackiert (auch beim Diesel war der Grill weiß), aber die »Mundwinkel« in den unveränderten Kotflügeln wurden nun nicht

Zeichen der Reife: Er lächelt nicht mehr jugendlich-naiv. Er blickt ernst in die Welt. Britischer Transit Lieferwagen nach dem 1971er Facelift.

mehr mit weißem Lack betont. Pritschenwagen (und nur sie!) erhielten neue Außenspiegel, nun am Türblatt befestigt. Bei allen anderen Transit gab es einen Kompromiss: linker Spiegel an der Fahrertüre, rechter wie bisher auf dem Kotflügel. Für das Fahrerhaus gab es beim Kontinental-Transit keine Schiebetüren mehr. Innen: gepolstertes Armaturenbrett, zusätzliche Frischluftdüsen, hängende statt stehender Pedale, neue Innenverkleidung, bessere Geräuschisolierung, Federung und Dämpfung zugunsten von mehr Komfort besser abgestimmt (wodurch der Transit ein wenig tiefer auf der Straße lag). Ford-Köln bot nun auch ein L-Paket an, analog zum britischen Custom-Pack (genannt: Spezialausstattung), hauptsächlich für die Kleinbusse und die Chassis/Kabine, die als Basis für immer mehr in Mode kommende Alkoven-Wohnmobile genutzt wurde. Diese Wagen trugen D-C-Fix-Holzimitat am Armaturenbrett und den Türinnenverkleidungen, Chromstoßstangen und teilweise die Super-Luxus-Radkappen des Ford 26m (die ihrerseits eine Leihgabe der englischen Filiale waren), Fahrersitz in der Höhe verstellbar, verkleidete Sitzgestelle, statt Kunstleder nun Stoffpolster in Hellbraun oder Schwarz, bessere Geräuschdämmung, beleuchteter Motorraum. Der Bus büßte sein weißes Dach ein, es gab wieder, aber nur auf Wunsch, die weiß umrandeten Seitenfenster. Er profitierte von einem neuen Belüftungssystem – Passat-Luke und Dachrandverglasung waren nun Aufpreis-Extras, die eigenständige Version namens Panoramabus gab es nicht mehr. Gleichzeitig neue Modellbezeichnungen, die Zuladungszahlen nicht mehr vier- sondern dreistellig: Aus dem FT 1750 wurde der FT 175 et cetera.

1973 ein weiterer Meilenstein: Ford zog dem Transit als erstem Transporter überhaupt Gürtelreifen auf und machte ihn dadurch sicherer und angenehmer zu fahren. Programmerweiterung nach unten mit dem FT 100 L, der Lieferwagen mit langem Radstand erstmals mit hinterer Einzelbereifung für Frachten mit viel Volumen und wenig Gewicht. Ideal für denjenigen, der mit Kopfkissen oder Styroporwürfeln handelt. Jahr für Jahr kamen mehr Campingmobile hinzu, diverse Hersteller, Basis entweder Kombis mit langem oder kurzem Radstand und speziellen Dachkonstruktionen oder Alkovenmobile.

Rollender Safe: Gepanzerter Werttransporter, realisiert von der Wilhelm Thiele Karosserie- und Fahrzeugfabrik in Bremen.

Mit dem Zweilitermotor erreicht der Transit Tempo 125 und empfiehlt sich dadurch als idealer Reisebus. Kleinbus mit L-Ausstattung, die durch das Ornament am Vorderkotflügel manifestiert wird. Und natürlich durch den vollen Chromornat.

1974er Panoramabus mit Dachrandverglasung und Lüftungsluke im Dach, aufgewertet durch die reich ziselierten Radkappen vom damals schon entschlafenen Ford 26m.

Spätestens Mitte der 70er Jahre waren Alkoven-Wohnmobile auch in Westdeutschland ein Trend, und als Basis wurde wegen seines leistungsstarken Motors zumeist der Ford Transit genommen.

Der Trend zu Wohnmobilen brach in der ersten Hälfte der 70er Jahre voll durch.

Ab 1974 ging eine »Teutonisierung« durch das Ford-Programm, weg von den »automobilen Anglizismen«. Zu verdanken war dies dem ebenso schillernden wie auf Erfolg versessenen Robert »Bob« A. Lutz, seit 1974 Generaldirektor in Köln. Unter seiner Ägide produzierte und verkaufte Ford 1977 die Hälfte mehr als zwei Jahre zuvor und hatte einen Marktanteil von 15 Prozent (zum Vergleich: 2020 betrug der Markanteil in Deutschland 6,7 Prozent). Bis Mitte 1976 war Lutz der Chef von Ford in Köln, dann wurde der Amerikaner mit Schweizer Pass an die Spitze der europäischen Ford-Zentrale nach London befördert. Lutz waren Chromleisten und -schriftzüge, stilisierte Krönchen, plüschige Sitzbezüge, weich abgestimmte Fahrwerke und im Speziellen weiß lackierte Transit-Kühlergrills ein Dorn im Auge. Sachlich und sportlich sollte alles sein, und nach der Maxime der Rolling Stones befahl er: Paint it Black! Das galt beim Transit nicht nur für den Kühlergrill, auch für die Stoßstangen und die »Brille« um die Scheinwerfer sowie die Außenspiegel. Die einzig verbliebenen Chromteile waren

Die Briten sind traditionell eine Campingnation und dort war die Auswahl stets größer. Stellvertretend für die unzähligen Alkovenmobile von der Insel die Interpretation von Jennings of Sandbach mit Namen Roadranger, Baujahr 1972. Statt des Ornaments auf den Vorderkotflügeln trug die Luxusversion in GB den Schriftzug »Custom«.

Zwei Interpretationen desselben Themas, verkörpert von den härtesten Konkurrenten: Ausgebaute Busse, Volkswagen T2 und langer Ford Transit, jeweils mit Ausstelldach und beide am Ziel ihrer Träume in Jugoslawien.

Die absonderlichsten Sonderaufbauten wurden auf Transit-Basis realisiert. Das ist ein Abwasser-Entsorgungsfahrzeug für kleinere Flugzeuge mit einem aufklappbaren Geländer an der Plattform in Diensten der BEA, also der British-European-Airways, existent zwischen 1946 und 1974. 1972 schloss sich die BEA mit der BOAC zur British Airways zusammen.

Menschen gehören zu den eher leichten Frachten im Transportleben, Menschen in allen Aggregatzuständen. Der FT 100 L eignete sich hervorragend als Bestattungswagen, karossiert von Paul Stolle in Hannover. Der FT 100 L ist der lange Transit mit einer Tonne Nutzlast, erstmals keine hinteren Zwillingsräder beim langen Transit.

Ebenfalls Stolle aus Hannover, kurzer Transit Bestattungswagen mit Chromzier des Panorama-Busses und tief herab gezogenen Sargraumscheiben, was eine Spezialität Stolles darstellt.

die Türgriffe und Radkappen. Weitere Verbesserungen des Modelljahrs 1975: mehr Raum für die Sitzverstellung, mehr Fußraum durch neue Position der Pedalerie, modifizierte Lenksäule und Bedienhebel, Automatikgurte, heizbare Heckscheibe und nochmals eine kleine Revolution: Der Ford Transit war fortan mit dreistufigem Automatikgetriebe erhältlich. Technik: serienmäßig Bremskraftverstärker, vordere Scheibenbremsen. Modellergänzung 1976: FT 190 als 3,5-Tonner, dieser sogar mit innen belüfteten vorderen Scheibenbremsen. Im Jahr 1977 keine Veränderungen mehr, denn ein großes Facelift folgte zum Modelljahr 1978.

Feuerwehr- und Sanitätsfahrzeuge nahmen eine so wichtige Stellung im Transit-Programm ein, dass Ford dafür sogar Sonderprospekte drucken ließ. Deckblatt des Prospektes vom August 1973.→

Krankenwagen konnten die Rettungsorganisationen also direkt beim Ford-Händler bestellen. DRK-Fahrzeug aus Bergisch-Gladbach, und hinter ihm steht ein Transit nach dem 1978er Facelift.↓

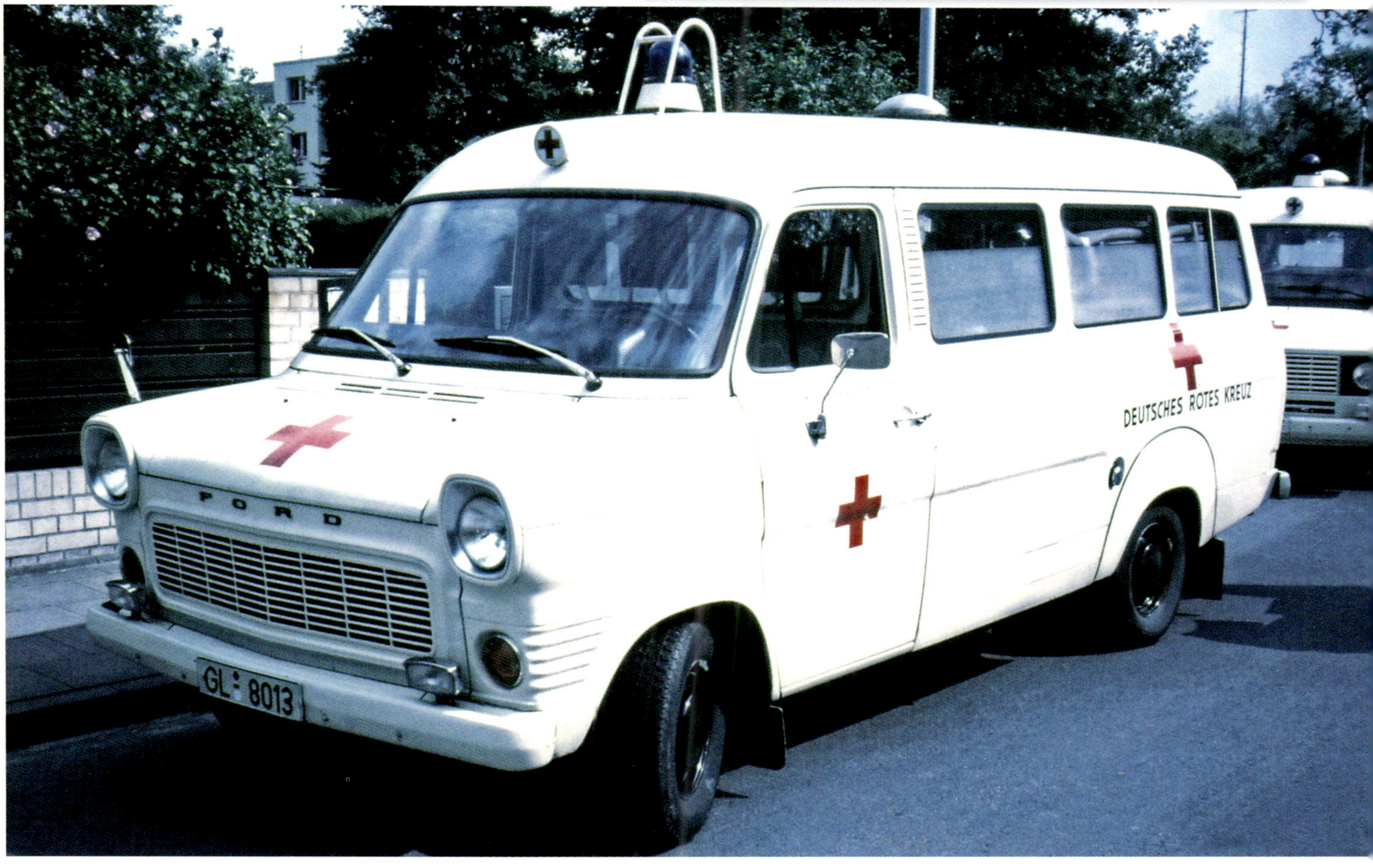

Unruhen in England, Farbige kämpfen für mehr Rechte. Der Transit war auf der Insel nicht nur das Auto der Bankräuber, sondern auch dasjenige der Polizei. Keine britische Polizeibehörde ohne Transit.

»Bullnose« oder »Schweinerüssel«: Die Dieselfront ist nicht gerade harmonisch, und sie beherbergt nur beim Kontinental-Transit unbedingt einen Dieselmotor. In einem britischen Transit konnte dahinter auch der 3-Liter-Essex-V6 eingebaut sein. Diese Front gehört also entweder zum schwächsten oder zum stärksten Transit.

Auch die Pariser Polizei setzte auf Transit. Ab 1974 wütete der venezolanische Terrorist Carlos in Paris und terrorisierte die Stadt mit Bomben, Unruhen folgten, die Pariser Polizei schaffte eine größere Charge gepanzerter Transit an. Die Scheiben und Beleuchtungseinheiten waren gegen Steinwürfe vergittert, der Frontscheibenschutz war auf zwei Schienen auf dem Dach befestigt und konnte bei Bedarf herabgelassen werden.

Transit als kleiner Lastwagen: Pritschenwagen mit Dieselmotor und niederländischer Zulassung neben Mercedes Strich-Acht aus Vorarlberg, fotografiert im polnischen Posen während der dortigen Internationalen Messe.→

Neue Sachlichkeit des Modelljahrs 1975: Was vorher weiß gewesen war, wurde schwarz, was das Erscheinungsbild veränderte. Ob es dadurch allerdings verbessert wurde, sei dahingestellt.↓

Super, Van!

Mit drei ganz speziellen Transit pushte Ford-England das Renommee des Transporters. Die Supervans 1 bis 3 verbanden die Transit-Karosserie mit purer Rennwagentechnik. Es ist eine reizvolle Vorstellung: Ein Transporter mit den Fahrleistungen eines Formel-1-Boliden. Und dann auch noch mit diskretem Äußerem. Ein Wolf im Schafspelz, ja der Prototyp schlechthin des Wolfes im Schafspelz. Das gab's. Die Renningenieure von Ford-England leisteten sich diesen Spaß. Und zwar gleich drei Mal, in aufsteigender Raffinesse. War der erste Transit Supervan ein halbwegs serienmäßiger Lieferwagen mit entsprechendem Motor und Chassis, so waren die Typen Supervan 2 und 3 reinrassige Rennwagen, über die eine dem Transit angenäherte Fiberglass-Karosserie gestülpt wurde.

Supervan 1 war eine betörende Kombination. Als Werbegag trat er am Ostermontag 1971 auf der Rennstrecke von Brands Hatch auf. Terry Drury Racing in Rainham baute das Geschoss und kombinierte Chassis, Fahrwerk und Motor des legendären Ford GT40 (5-Liter-V8 mit rund 420 PS) mit einer Rohkarosserie des Ford Transit Lieferwagens, ganz einfach weiß lackiert, dazu die typischen Ford-Streifen in Blau an der Flanke – ganz wie der Werks-GT-40. Gut, ausgestellte Kotflügel gaben dem Transit ein etwas fremdartiges Aussehen und die Räder glichen denen einer Straßenwalze, aber ansonsten: ganz normal, ein Transit halt. Aber wehe,

Verchromte Stoßstangen sind ein Attribut der Luxusversion des Transit, in Großbritannien als Transit Custom verkauft. Die Walzen sind eindrucksvoll und der typische Ford-GT-Streifen sorgt für optisches Tempo.

Wehe, wenn er losgelassen: Supervan 1 von 1971, ein Transit auf dem Chassis eines GT 40.

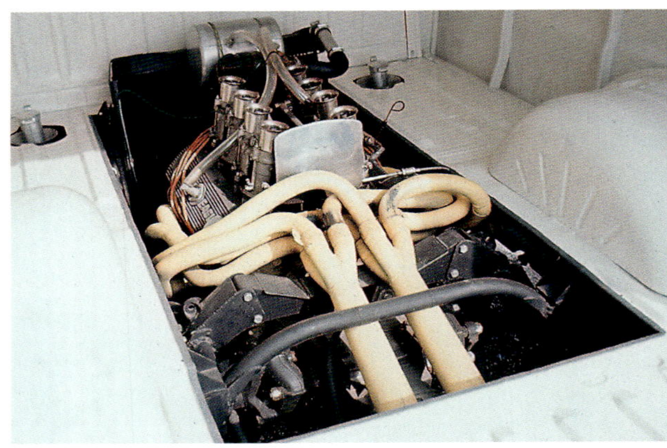

Was man so alles im Laderaum eines Ford Transit unterbringen kann! Zur Not sogar einen veritablen GT-40-Motor.

Das hat Stil: Serienmäßiges Transit-Interieur, sogar mit Holzfurnier am Armaturenbrett. Kein einziges Zusatzinstrument (wofür auch?), aber ein Schalensitz (der ist notwendig!) und ein Sportlenkrad (hätte nicht unbedingt sein müssen).←

wenn er losgelassen: In Dragster-Manier hoben sich die Vorderräder vom Boden ab, wenn der Fahrer »full throttle« gab. 1978 wurde das Monstrum überarbeitet und bekam eine neue Frontpartie, dem Serien-Transporter entsprechend.

1984 wurde der gleiche Transit immer noch gebaut, eine mittlerweile 19 Jahre alte Konstruktion. In diesem Jahr erschien Supervan 2, nun völlig anders aufgebaut. Er war ein reinrassiger Rennwagen, über den eine angenäherte 1984er Transit-Karosserie aus Fiberglass gestülpt wurde. Die Dachlinie zwar etwas niedriger und auf dem hinteren Teil des Daches mit einem riesigen Flügel versehen, der Frontspoiler war monströs und die NACA-Lufteinlässe beeindruckend, aber jedermann erkannte: Das ist ein Ford

Der '84er Transit als Supervan 2. Hier sieht man schon von außen, alleine durch die kaum vorhandene Bauchfreiheit: Das ist kein Lieferwagen mit Rennwagen-Technik, sondern ein Rennwagen mit angenäherter Transit-Karosserie.

Transit Lieferwagen. Seine technische Basis: der in Le Mans erfolglose Gruppe-C-Rennsportwagen Ford C100, Antrieb ein 3,9-Liter-V8, als Heck-Mittelmotor eingebaut. Zunächst war Supervan 2 in den Ford-Motorsportfarben lackiert, später Neulack als Werbeträger für BP, Duckhams und Goodyear. Angeblich fuhr der Formel-1-Pilot Martin Brundle den Super-Transit in Silverstone mit Tempo 283. Aber das Fahrverhalten muss mindestens abenteuerlich gewesen sein.

Zehn Jahre später, 1994, kam Supervan 3, parallel zum facegelifteten Transit '86. Supervan 3 war derselbe Wagen wie Supervan 2, jedoch mit neuer Fiberglass-Karosserie im Stile des aktuellen Transit, aber ein bisschen kleiner. Damit die Karosserie des gewachsenen Transit auf das vorhandene Rennwagenchassis passte, modellierte Ford es in einer sieben-Achtel-Größe (also Maßstab 7:8), und angetrieben wurde das Gerät von einem Cosworth-HB-Motor (3,5-Liter-V10 mit brutalen 650 PS, 320 km/h Topspeed). Verantwortlich für den Bau war nicht Ford selbst, sondern der Tuningbetrieb DLR Engineering in Suffolk. Diesen Supervan 3 setzte Ford recht lange ein (er war auch auf der IAA 1996 in Frankfurt zu sehen), und Supervan 3 änderte mehrmals sein Aussehen. So erschien er beispielsweise im Livree der Royal Mail in rot, als die britische Post mit Ford einen Großauftrag abschloss. Das Fahrzeug existiert noch heute und gehört der englischen Ford-Filiale in Dagenham. 2004 wurde der Motor ersetzt, der Rennmotor wich einem schwer getunten 2,9-Liter-V6 im Cosworth-Trim mit rund 300 PS - also basierend auf dem Kölner Block, der auch den letzten Scorpio antrieb. In seiner heutigen Ausbaustufe ist der Transit Supervan also deutlich zahmer als zuvor, dafür weniger zickig und einfach zu warten.

Supervan 3 lebt. Dieser rannte noch als Oldie in Goodwood. Und er erntete dort mehr Sympathien als so mancher Hochkaräter.

Das Heck ist nicht gerade transit-like: mächtiger Flügel, noch mächtigere Endrohre und ein fast schon frei zugänglicher Motor.

Da ist einer von der Supervan-Idee begeistert und kreierte seinen eigenen Supervan auf Basis eines FT 130, ein schön restauriertes Fahrzeug in ungewöhnlichem Livrée.

Rotkäppchen lernt Klettern: Der Sira-Transit 4x4 von Sinpar und Rau

Ein Lieferwagen mit hartem Fahrwerk und zwei Starrachsen fordert es geradezu heraus, dass ihn jemand zum Allradler umbaut. Der französische Allradspezialist Sinpar tat es, und der schwäbische Ford-Händler Rau, ohnehin Sinpar-Importeur für Westdeutschland, montierte die Sinpar-Konstruktion in Lizenz und versorgte Ford mit Allrad-Transit, die über das offizielle Händlernetz vertrieben wurden.

Manche Fachjournalisten konnten nicht genug davon kriegen, die beiden starren Achsen mit Längsblattfedern als unkomfortabel und primitiv zu geißeln. Genau dieses Fahrwerk gereichte dem Transit letztlich zum Vorteil. Das Ford-Autohaus Rau in Kirchheim/Teck verhalf ihm nicht trotz, sondern wegen dieses Unterbaus zu 4x4-Weihen. Rotkäppchen wurde bis Ende 1985 gebaut. Sein Nachfolger bot endlich eine vordere Einzelradaufhängung. Das

Bevor das deutsche Autohaus Rau einstieg, den Allrad-Transit als Sira in Lizenz baute und Ford den Vertrieb übernahm: Unprofessionell gelayoutetes Prospektblatt von Sinpar für den Transit 4x4 von 1970.

Kumpel auf der Kuppe: Dank Allradantrieb und gehöriger Bauchfreiheit meistert der Rau-Transit auch die fiesesten Böschungen.

Im Kohlenstaub: Ein 1977er Transit Sira im Tagebau. Schöner Farbklecks in anthrazitfarbener Umgebung.

DLRG, Kölner Dom, Rhein und Transit: Szenisches Coverfoto des Transit-4x4-Prospektes vom April 1983.

bedeutete gleichzeitig das Aus für den Allrad-Transit von Rau (letzte Umbauten im Herbst 1984, insgesamt rund 850 Vierrad-Transit). Bis 1979 wurden die 4x4-Transit unter der Bezeichnung Sira vermarktet, eine Zusammensetzung der Anfangssilben von Sinpar und Rau.

Die französische Firma Sinpar gehörte zu den ganz Alten im Geschäft und montierte bereits 1907 ein eigenes Automobil mit De Dion Bouton-Motor. In der Zwischenkriegszeit spezialisierte sich Sinpar in Verneuil-sur-Avre und später in Colombes darauf, serienmäßige Lieferwagen- und Lastwagenchassis zu verlängern und mit einer dritten Achse zu versehen, um die Tonnage aufzulasten. In den 50er- und 60er-Jahren dehnte Sinpar-Chef Demeester seine Angebotspalette aus und baute Lkws und Transporter auf 4x4- und 6x6-Antrieb um. So schuf er sich eine Marktnische für die Bauwirtschaft, Feuerwehren und das Militär - und später für die Offroader. Hauptsächlich baute Sinpar Renault-Fahrzeuge um, hatte aber auch eine komplette Eigenentwicklung im Programm, den Castor, der sich am Unimog orientierte, für den es kein Äquivalent in Frankreich gegeben hatte. 1976 starb Demeester eines unnatürlichen Todes. Die fehlende Führung ließ das wirtschaftlich ungesunde Unternehmen schnell in unsichere Gewässer treiben. Sinpar dümpelte noch drei Jahre vor sich hin und schloss dann ganz leise seine Pforten. Ab dann oblag es dem Autohaus Rau, weiterhin den Transit 4x4 zu bauen, die Lizenz war vorhanden, die nötigen Teile wurden nun in Eigenregie gefertigt.

Das Ford-Autohaus Rau in Kirchheim/Teck, Hammerschmiedgasse, zunächst Goggo- und Glas-Vertretung, ab 1960 Ford-Händler, versorgte Ford ab 1976 mit 4x4-Transit in allen Variationen: mit kurzem und langem Radstand, als Lieferwagen, Kombi oder Bus, einfach- oder zwillingsbereift, auch

Runter und rauf: Der direkte Vergleich zwischen normalem und Allrad-Transit macht das acht-Zentimeter-Plus an Bodenfreiheit augenfällig.

Entwicklungshilfe aus Frankreich: Vorderachse und Verteilergetriebe stammen von Sinpar. So neu wie hier sah der Transit-Bauch nur während sehr kurzer Zeit aus.

die Pritschenversion kam in den Allradgenuss.

Zu dieser Zeit war der Transit 4x4 ein Platzhirsch ohne Konkurrenz. Als Allradler konnte der Ford seinen Hauptkonkurrenten Volkswagen überholen. Während VW Ende der 70er Jahre noch mit dem Gelände-Transporter auf Basis der zweiten Bulli-Generation experimentierte, konnte man einen Transit 4x4 längst kaufen. Sonst gab es keine Allrad-Transporter. Erst 1983 offerierte Mitsubishi den ersten Allrad-Bus L300 mit Pajero-Fahrwerk.

Hauptkunden des Rau-Transit waren die Bergwacht, THW und DLRG, Unternehmen des Tage- und Minenbaus und des professionellen Umweltschutzes. Bei Landvermessern, als Servicefahrzeug, Krankenwagen und Feuerwehrauto war der Transit 4x4 im Gebirge beliebt. Als Kleinbus brachte er Gäste zu Wintersporthotels oder Skiliften, als Kombi lieferte er Zeitungen in Alpenregionen aus, als Lieferwagen diente er Betreibern von Berggasthöfen, Jäger und Förster waren dankbare Abnehmer. Ein Großteil der Allrad-Transit ging nach Schweden. Der Transit 4x4 wurde offiziell von Ford abgesegnet, ab Herbst 1979 über das Händlernetz vertrieben (ab dann hieß er nicht mehr Sira, weil damals Sinpar seine Pforten schloss) und genoss somit auch die Ford-Garantie. Während Lieferwagen, Kombi und Bus selbsttragende Ganzstahlkarosse-

Zwei Kardanwellen, eine nach vorne und eine nach hinten. Das muss 4x4 sein! Wegen des Verteilergetriebes musste die Auspuffanlage anders geführt werden.

rien (genau genommen: Kastenrahmenchassis und Aufbau wurden zu einer selbsttragenden Einheit verschweißt) hatten, war der Pritschenwagen auf einem Pressstahl-Kastenrahmen aufgebaut. Allen gemein waren die vordere und hintere Starrachse an Halbelliptik-Blattfedern. Hier setzte Sinpar an. Die Transit-Vorderachse wurde durch eine Neukonstruktion ersetzt. Der Allradspezialist Sinpar hatte verschiedene angetriebene Vorderachsen und Verteilergetriebe (beim Transit mit einer Untersetzung im Verhältnis 1:2,1) im Portfolio. Der Sira-Transit hatte einen starren Allradantriebsstrang. Im Mischbetrieb konnten die Freilaufnaben der Vorderachse bei Straßenfahrt via extra Schaltknüppel abgeschaltet, für längeren Asphaltbetrieb mussten sie von Hand am Radnabenmittelteil deaktiviert werden, um den vorderen Antriebsstrang auf Dauer still zu legen (das schonte das Vorderachsdifferenzial, die vordere Kardanwelle und die Antriebswellen des Verteilergetriebes und sparte Sprit). Auf Differenzialsperren verzichtete Rau.

Von Ford selber stammten die Voraussetzungen für den Allrad-Umbau: Rahmen und Federn waren verstärkt, ebenso das Lenkgetriebe. Das rund 1000 Mark teure Aufpreispaket umfasste auch ein größeres Lenkrad, eine verstärkte Kupplung, spezielle M&S-Reifen (205 R 14C oder 195 R 14C) und die für den Umbau vorgeschriebene Hinterachsübersetzung. Rau montierte schließlich die neue Vorderachse und das Verteilergetriebe, wegen dem die Auspuffanlage versetzt werden musste. Vorder- und Hinterradaufhängung sowie die Lenkgeometrie wurden in Kirchheim modifiziert. Zwischenelemente an den Blattfedern lifteten den Transit um acht Zentimeter, sodass er im Gelände die nötige Bauchfreiheit mitbrachte.

All diese Umbauten machten den Sira-Transit 230 Kilo schwerer und richtig teuer. Sie verdoppelten den Preis des Hecktrieblers. So kostete ein Transit Pritschenwagen in einfachster Ausstattung mit Basismotorisierung (2 Liter-Reihenvierzylinder, 78 PS) Anfang der 80er Jahre gut 17.000 D-Mark, und genauso viel kam für die Umrüstung auf 4x4 dazu. Die Firma Rau baute nur Neuwagen um. Bei gebrauchten Transit ging das nicht, weil das Paket zur Allradvorbereitung bereits am Fließband montiert werden musste.

Ford und Rau beließen es bei den 14-Zoll-Rädern des Serien-Transit, die Felgen waren wegen der Freilaufnaben natürlich speziell (und die vorderen

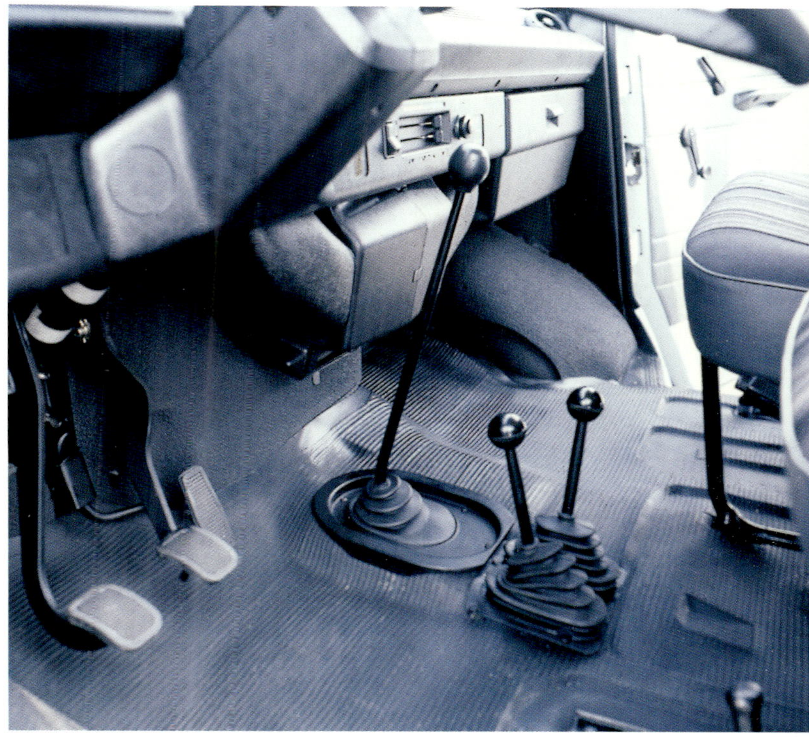

Rotkäppchen ist schlammbereit: Innenraum mit langem Getriebeschalthebel und zwei zusätzlichen, knackigen Hebelchen für Vierradantrieb und Reduktion.

Artgerechte Haltung eines Transit Jagdwagens. Ein solcher Wagen wurde nicht gebaut, um sauber zu bleiben und gehegt zu werden. Er diente aber dem Jäger dazu, seinerseits zu hegen.

Rauer Bursche: Der Rau-Transit verfügt über viel Luft, wo es wichtig ist, nämlich vorne, hinten und vor allem unten.

Der Jagdwagen war etwas für den Jäger zum Repräsentieren. Der Forstwagen hingegen war sinnvoll. Er wandte sich weniger an Jäger als an Waldeigentümer.

konnten keine Radkappen tragen, weil diese die Nabe bedecken, die der Fahrer zum händischen Deaktivieren des vorderen Antriebsstranges erreichen muss). Größere Räder, möglichst 16 Zöller wie später beim VW T3 Syncro-Bus in der Hardcore-Version, wären sicherlich von Vorteil gewesen. Außerdem gaukelte der Ford durch das Höherlegen einen ungünstig hohen Schwerpunkt vor. In der Praxis bewies er aber gute Geländeeigenschaften. Hänge und Schrägen von beachtlicher Steigung erforderten zwar fahrerischen Mut, brachten den Wagen aber nicht aus der Balance. Die effektive Steigfähigkeit betrug 40 Prozent, wovor Rau in der Bedienungsanleitung aber warnte: 30 Prozent sollten nicht überschritten werden, weil sonst die Motorschmierung und Benzinzufuhr nicht mehr einwandfrei funktionieren könnten. Trotz der kleinen Räder war die Bodenfreiheit beachtlich, und der zählebige Ford Reihenvierzylinder war nur scheinbar untermotorisiert. Das Zweilitertriebwerk mit seinen 78 PS brachte den rund 1800 Kilo schweren Transporter auf der Autobahn zwar nur auf Tempo 110, hatte aber genügend Drehmoment (147 Nm bei 2800 Umdrehungen) für stramme Geländefahrt. Und wenn man im Modder fest hing, suchte man halt im Krebsgang das Weite. Alternativ gab es Rotkäppchen im Bergsteigergewand mit dem 2,4 Liter-Diesel mit 63 PS, dessen maximales Drehmoment zwar identisch zum Benziner war, aber schon bei 2000 Umdrehungen anstand.

Ford selbst brachte auf Basis des Transit 4x4 in den 80er Jahren zwei Sondermodelle auf den Markt. Es gab den in glänzendem oliv lackierten Forstwagen, ein Pritschenwagen mit Bordwanderhöhung, Astabweiser, martialischem Rammschutzbügel und elektrohydraulischer Seilwinde auf der Pritsche, präsentiert auf der IAA 1983 und angeboten für 40.200 D-Mark. Besonders spannend, weil zu seiner Zeit einzigartig, war der Transit 4x4 Jagdwagen, ein tannengrün lackierter Allrad-Kombi mit allem erdenklichen Luxus. Zu Zeiten, als Geländewagen eher hart als herzlich waren, zeigte sich die plüschverkleidete

Mit Kuhfänger und Pritsche: Transit Forstwagen, eine olivfarbene Sonderserie von 1983. Der Hund gehört nicht zum serienmäßigen Lieferumfang.

Trotz Einzelradaufhängung beim Nachfolger: Das 4x4-Kapitel wurde weiter geschrieben, diverse Spezialisten nahmen sich des Transit an. Dieses '87er Modell erfuhr seine Modifikationen von der Country Tractor Ltd. im walisischen Knighton/Powys. Wie der Rau in Deutschland, war der Umbau von Country Tractor Bestandteil des britischen Ford-Programms (Dana-44F-Vorderachse, Verteilergetriebe vom Ford Bronco).

Transit-Höhle mit ihren vier Fauteuils nebst Armlehnen, zum Liegesitz klappbar und drehbar um 360 Grad, ungewöhnlich komfortabel. Eine serienmäßige Eberspächer-Standheizung sorgte für Wärme, Stoff-Seitenverkleidungen und ein durchgehender Dachhimmel für Transit-ungewohntes Luxus-Ambiente. Hinter den Rücksitzen war ein massives Gitter mit Waffenhalterungen, dahinter das Reich des Jagdhundes, der sich ebenfalls auf Teppichboden räkeln durfte. Zweckdienlich war das für einen Jagdwagen wohl nicht, abwaschbare Sitzbezüge und Nadelfilzware oder Gummimatten wären im Revier sinnvoller als Plüsch und Hochflor gewesen. Aber das war eben charakteristisch für den Jagdwagen und machte ihn heimelig und wohnlich. Tief angesetzte Nebellampen und ein nur der Optik dienlicher Frontspoiler konterkarierten das Offroaden, und viel Geld war 1984 für den Jagdwagen nötig. Der Umbau auf Allradantrieb schlug mit 18.735 D-Mark zu Buche, der Transit Jagdwagen kam inklusive aller Extras auf knapp 60.000 D-Mark. Das war genau das richtige Auto, mit dem ein wohlhabender Jäger im Ruhestand einmal im Jahr nach Skandinavien zur Elchjagd oder nach Ungarn zur Hirschbrunft reisen konnte.

Auf zum letzten Gefecht: Große Modernisierung für den Transit '78

Auf dem Kontinent der Transit '78, auf der Insel der Transit Mk II: Was Ford seinem Transporter im August 1977 zum Modelljahr 1978 angedeihen ließ, war mehr als nur ein Facelift, mindestens ein großes Facelift. Ford sprach vom »neuen Transit«, doch das war übertriebenes Marketing-Sprech. Der neue Transit blieb der Transit, schwer modernisiert, aber immer noch der 1965er Transit, der nun fit für die beginnenden 80er Jahre gemacht wurde.

Die Karosserie ab Windschutzscheibe nach hinten blieb unangetastet. Der Vorbau war komplett neu, 12,5 cm länger als bisher, für alle Motoren geeignet, auch den Diesel. Die in 60er-Jahre-Mode frei aus den Kotflügeln ragenden Scheinwerfer und die dazwischen nach unten abfallende Motorhaube waren passé. Die Haube verläuft flacher, die Frontpartie wurde somit höher. Ein schwarzer Kunststoffgrill mit Ford-Pflaume beinhaltet die rechteckigen Scheinwerfer. Ihnen schließen sich in die Kotflügel integrierte Blinker an. Wenige Optikveränderungen hinten: neue, größere Rückleuchten im selben Stil wie zuvor. Die große Windschutzscheibe wurde optisch noch mehr vergrößert, weil ihr Rahmen-

Corporate Identity: Der Transit erhielt nicht nur einen 12,5 cm längeren Bug, sondern passte sich auch der Optik der anderen Ford-Produkte an. Die rechteckigen Scheinwerfer positionierten ihn sogar hoch im Wert. Bei Escort und Taunus trugen die einfachen Versionen runde, die besser ausgestatteten hatten rechteckige Scheinwerfer.

bereich inklusive der A-Säulen schwarz lackiert ist. Hinzu kommen neue, ebenfalls schwarz lackierte Stoßstangen mit Kunststoffecken sowie neue Außenspiegel. Der Fahrerseitige immer noch auf dem Kotflügel, aber näher zum Fahrer platziert und somit bei geöffnetem Fenster verstellbar, der rechte am Türblatt befestigt. Darüber hinaus neue, radkappenlose Felgen für die kurzen Transit.

Viel Arbeit machte sich Ford mit dem Interieur: komplett neues Armaturenbrett, umschäumtes Lenkrad, neue Bedienhebel, bessere Geräuschdämmung, Heizung und Lüftung verbessert. Am Fahrwerk (vorne und hinten blattgefederte Starrachsen) ändert sich nichts, auch nicht an den Bremsen (vorne Scheiben, hinten Trommeln, nun immerhin mit automatischem, lastabhängigem Bremskraftregler). Dafür Modernität unter der Haube: Der 2,4-Liter-Diesel mit 62 PS blieb unverändert. Kein V4 mehr. Ford offerierte zwei Vierzylinder-OHC-Reihenmotoren mit 1576 cm^3 und 65 sowie mit 1954 cm^3 und 78 PS, also die so genannten Pinto-Motoren aus Taunus und Escort (endlich identisch beim englischen und beim Kontinental-Transit). In GB war weiterhin für Spezialversionen der 3-Liter-Essex-V6 lieferbar, 100 PS stark. Im Kontinental-Transit war dieser Motor offiziell nicht erhältlich - auch deshalb nicht, weil er seit Herbst 1977 im Granada ausgedient hatte und obendrein keine Freude für Ford-Werkstätten war, da er über Zollschrauben verfügte.

Mit der 2-Liter-Maschine war der Transit nach wie vor 125 km/h schnell und gehörte in seiner Gattung zu den ganz Fixen, aber er bekam bald Konkurrenz. So bot Fiat seinen Ducato ebenfalls mit zwei Litern an, 78 oder gar 86 PS und ein Turbodiesel mit 95 PS. Das war der Vorreiter der so genannten Sprinter-Transporter, und wegen seiner hohen Endgeschwindigkeit kaufte der Ducato dem Ford Transit zunehmend die Vormachtstellung bei den Wohnmobilen ab. Die Zahl der Wohmobil-Versionen stieg dennoch von Jahr zu Jahr an. Es gab externe Spezialisten, welche Individualfahrzeuge über ihre eigene Vertriebsschiene anboten. Einige Wohnmobile waren aus der Sicht von Ford qualitativ gut genug, um über das Ford-Händlernetz vertrieben zu werden. 1981 brachte Ford-Köln eine ganze Mappe heraus, die 22 Prospektblätter unterschiedlicher Motorhomes beinhaltet, Alkovenmobile, integrierte Caravans, kurze und lange Kombis, die mit einer Campingausstattung versehen waren, namhafte und weniger bekannte Hersteller, manche noch heute aktiv, darunter auch ausländische Anbieter. Das Reisemobil-Programm umfasste damals 28 unterschiedliche Typen von 16 Anbietern.

Nach wie vor bestach das Transit-Programm durch seine Vielseitigkeit. Es blieb natürlich bei beiden Radständen, nun gab es 32 Türkombinationen, die Busse hatten bis zu 17 Sitzplätze, Ford offerierte vier Hinterachsübersetzungen – trotz seines Alters bot der Transit den Flottenmanagern die größte Vielfalt (und sie freuten sich über verlängerte Wartungsintervalle, 10.000 km beim Benziner, 7500 beim Diesel). In Deutschland war der Hauptkonkurrent weiterhin der Volkswagen Transporter, nunmehr der T3 ab 1979, immer noch eine Heckmotorkonstruktion, der die Kunden vertrauten. Aber im Ausland, im nicht-VW-Land, wollte damals kaum mehr jemand einen Heckmotor-Transporter; dort war der Transit bestens etabliert und das 1978er Facelift gab ihm einen Aufschwung. Zunehmende, neu konstruierte Konkurrenz machte ihm aber von Jahr zu Jahr das Leben schwerer, bis Ford 1986 einen völlig neu konstruierten Transit lancierte.

Doch zunächst war der '78er Transit auf der Höhe seiner Zeit. Das komplett neue Kunststoffarmaturenbrett mit mehr Anzeigen vermittelte personenwagenähnliche Bedienung, der Basis-Transit verfügte weiterhin über Kunstledersitze. Im Rahmen des »L«-Pakets konnte der Transit Bus sogar in Metallictönen lackiert werden, und er trug Chromzierringe an den Felgen, der Fahrersitz war nun über weite Strecken verstellbar, angenehme Stoffsitzbezüge, und die waren nicht einfarbig trist, sondern trugen ein modisches Streifendesign. Von der »lärmenden Blechkiste« war der Transit nun weiter entfernt denn je, noch mehr Dämmmaterial, auch im Dach und an der Hinterachse, zudem sorgte eine zweigeteilte Kardanwelle für mehr Laufruhe. Ein optionaler Overdrive senkte ab 1980 das Drehzahlniveau im dritten und vierten Gang. Weiterhin gab es die Automatik für den 2-Liter-Transit, Extras waren neben diversen Radios und Kopfstützen für alle Sitze eine Scheinwerfer-Waschanlage mit Hochdruckdüsen und eine Uhr inklusive Tageskilometerzähler.

Im Oktober 1980 brachte Köln das einzige Transit-Sondermodell jenseits der Allrad-Versionen auf den Markt. Einen speziellen Namen trug es nicht, vermarktet eben als »Transit Sondermodell« auf Ba-

Pollmann in Bremen war damals Marktführer in Sachen Bestattungswagen. Transit in Silbermetallic mit langer Sargraumscheibe...

...und weniger aufwändig mit den Serienscheiben des Kombi, braun lackiert und mit Vinyldach versehen.

Arbeiterklasse: Transit FT 190 Pritschenwagen mit langem Radstand, die Pritsche 2,11 m breit und 3,13 m lang, 1877 Kilo durfte der Worker schleppen. Solche Fahrzeuge schaffen es nie, zum Klassiker zu reifen. Frühe Rente, früher Tod.

FT 100 L 1978, viel Platz bei wenig Nutzlast, hintere Einzelbereifung. Er wurde gerne als Basis für Campingausbauten hergenommen...

...und für Feuerwehrfahrzeuge. Diese wurden, in den hegenden Händen Freiwilliger Feuerwehren, teils sehr alt bei bester Pflege - so wie dieses Exemplar, das sich 2022 neben seinem aktuellen Epigonen wohl fühlt und ihm berichtet, wie das Autoleben früher war.

sis des FT 100 Kombi in den Farben Braun-Orange oder Sierra-Beige, Karosserie ab Stoßstangenhöhe abwärts schwarz lackiert, 2-Liter-Motor, die L-Ausstattung serienmäßig.

Schon 1979 präsentierte Ford die Studie Cruising Van, aus der das 1981 in Serie gefertigte Transit Clubmobil wurde, konstruiert und gebaut von Hymer. Innerhalb von drei Jahren wurden rund 150 Exemplare gebaut. Die Cruising-Van-Studie trug Wolfrace-Aluminiumfelgen und Sidepipes. Diese Gimmicks schafften es nicht in die Serie. Ford ließ für den Cruising Van einen Prospekt drucken, worin es hieß »lieferbar ab Frühjahr 1980«. Aus dem Frühjahr wurde nichts, das Clubmobil erschien erst im Dezember 1980, war aber sehr attraktiv und sorgte für einiges an Gesprächsstoff. Im Nachhinein mag man fragen, weshalb. Denn derartige Clubmobile aus den 80er Jahren sind in vielfältiger Erinnerung, auch von Volkswagen. Aber Ford war eben der Erste damit! Technisch war das Clubmobil absolut serienmäßig mit 2-Liter-Motor, aber optisch war der Transit kaum wiederzuerkennen: Lackierung in Stratosilbermetallic mit dreifach abgesetzten Zierstreifen in unterschiedlichen Blautönen, Frontspoiler, Ronal-Kleeblatt-Alufelgen, tief herunter gezogene Seitenscheiben aus dunkel getöntem Glas, im hinteren Seitenbereich ein Bullauge, auf dem Dach optional eine große, demontierbare, schwarze Gepäckbox, mit Leiter erreichbar, hinten Flügeltüren, links die Leiter, rechts außen das Reserverad befestigt. Innen absolute Lounge-Atmosphäre: vollständige Verkleidung, Teppichvelours, vier Leuchten, drehbarer Fahrer- und Beifahrersitz mit integrierten Kopfstützen und Armlehnen („Captain-Chairs“), ebenso ein weiterer Sessel im Innenraum, dazwischen ein fest montierter Bistro-Tisch. Der Fahrer freute sich über Servolenkung und, wenn er Aufpreis zahlte, über Automatik. Ebenfalls optional: Glashubdach, Standheizung, zweiter Drehsessel im Innenraum. Ein echtes Spaßmobil! Dem von Hymer ausgestatteten Clubmobil wollte der Karosseriebauer Voll nicht nachstehen und entwickelte auf eigenes Risiko etwas Ähnliches, genannt Vollmobil Sport, das aber eher in Richtung Camper ging mit optionalem Hubdach und Vollisolierung für den Wintersporturlaub, aber optisch dem Clubmobil sehr ähnlich mit herabgezogenen Jet-Fenstern an den Seiten, Spoiler, außen liegendem Reserverad, innen plüschig.

Quasi als Nachfolger des Panorama-Busses aus den späten 60ern erschien im Frühjahr 1982 der Transit Ghia Neunsitzer-Bus, etwas ganz Feines, entweder Stratosilbermetallic mit einem dezenten, farbigen Doppelstreifen an den Flanken dekoriert oder zweifarbig in Unilacken gehalten. Die Stoßstangen in Wagenfarbe mit Gummibelag geschützt, vorne zusätzliche Stoßstangenhörner, integrierte Zusatzscheinwerfer im Kühlergrill, Sitze und Seitenverkleidungen mit hochwertigem Polsterstoff, Teppichboden, sogar Trittstufenbeleuchtung. Gegen Aufpreis getönte Scheiben, Automatik, Frontspoiler, Digitaluhr, Glashubdach, Radio mit vier Lautsprechern.

Zum Modelljahr 1983 ergänzte der Kastenwagen mit Doppelkabine das Programm, quasi ein »Halbbus« für sechs Personen (also einen Monteurtrupp) und hinten viel Laderaum. Er trug rechts und links ein zweites Seitenfenster in Höhe der Rücksitzbank, dahinter war er verblecht.

Neuer Motor und gleichzeitig letztes Facelift für das Modelljahr 1984. Optisch geht der Transit in seine letzte Runde mit neu gestaltetem, nunmehr

Ein Foto aus aktiven Zeiten, 1984 aufgenommen zwischen Opel Rekord E1 als Dienstwagen des Kommandanten und einem Volkswagen T3 Krankenwagen.

Ein DRK-Ambulanzwagen mit Miesen-Innenausbau auf Basis FT 100 L, ebenfalls zu seinen aktiven Zeiten 1982 aufgenommen.

Den Ghia-Bus gab es zeitweise in wilden Farbkombinationen, so tiefschwarz mit Flanken und Dach in knalligem Rot. Das Exemplar im Bild, ein Ausstellungsstück auf der Leipziger Herbstmesse 1982, trägt sogar Ronal-Kleeblatt-Alus. Und, was man nicht sieht, einen Gasantrieb. Vermarktet wurde er als Transit Ghia, aber ein »Ghia«-Heckschriftzug war ihm nicht vergönnt. Auf der Klappe steht »Transit L«.

So komfortabel wie der Ghia-Bus war kein Transit jemals zuvor. Sitze und Seitenverkleidungen elegant gepolstert, durchgängiger Teppichboden, schickes Lenkrad und immerhin drei Armaturen. Dieser trägt auch ein Radio mit vier Lautsprechern. Und sicher auch Servolenkung und getöntes Glas. Aber der Fahrer muss ihn schalten.

grauem Frontgrill mit integrierten Seitenblinkern, größeren Rückleuchten (Rückfahrscheinwerfer und Nebelschlussleuchte integriert) und massiveren um die Ecken gezogenen Stoßstangen – nunmehr alles mattgrau, was zuvor mattschwarz war. Dazu, im Gegensatz zum Vormodell, wieder Radkappen, aber aus Kunststoff. Eine kleine technische Revolution war der neue Dieselmotor, der York-Diesel wurde zum 2,5-Liter-DI Direkteinspritzer mit 68 PS, sparsamer als bisher, dreht höher, ist vibrationsärmer – quasi der erste Schritt zum modernen Dieselmotor. Es ist eine nette Vorstellung, dass der »Opa« unter den Transportern auf seine alten Tage die Konkurrenz mächtig unter Druck setzte, denn in Folge sprossen die Direkteinspritzer-Diesel im Transporter wie Pilze aus dem Boden. Ford setzte auf ein innovatives Konzept bei der Farbpalette: Es gab fünf »Dauer-Serienfarben« (Diamantweiß, Beigegrau, Spanischrot, Kachelblau und Enzianblau) sowie »Wechsel-Serienfarben« gegen Aufpreis, die in gewissen Abständen durch andere Farben ersetzt wurden. So hießen im Modelljahr 1984 die Wechsel-Serienfarben Safrangelb, Sierrabeige und Ozeangrün. Und die Busse konnten zweifarbig geordert werden, Trennlinie an der Flankenleiste, oben bunt, darunter Diamantweiß. Interessant auch, dass Ford in den letzten Jahren den 1,6-Liter- und den 2-Liter-Motor zum selben Preis anbot. Als Einsteigermodell gab es den FT 80 Treffer, nur 1,6 Liter und in der Ausstattung nichts, was über das Notwendige hinausgeht. Aber preiswert!

Den DDR-Bürgern den Mund mit westlicher Dekadenz wässrig machen: Das Pema Truck-Center aus Herzberg exportierte Ford-Nutzfahrzeuge in die DDR und stellte sie auf der Leipziger Herbstmesse 1981 aus, neben dem FT 100 Clubmobil ein Transcontinental. Pema (Abbreviatur von Peter Mann) vermietete damals West-Lastwagen an volkseigene DDR-Speditionen.

Der Transit Freizeit-Kreuzer war ein Eye-Catcher auf der IAA 1979, ein so genanntes Concept Car von Hymer.

In Serie ging der Freizeit-Kreuzer erst 1981, nunmehr unter dem Namen Clubmobil und nur auf dem Kontinent erhältlich, gleichsam rollendes Freizeitdomizil und mobiler Konferenzraum, exquisit ausgestattet.

Beigegrau, die langweiligste der »Dauer-Serienfarben« des Transit-Programms, blieb in Erinnerung. So waren sie eben lackiert, die letzten ersten Transit in der Faceliftversion ab Modelljahr 1984. Seltener als ein Fahrzeug in diesem Farbton muss man kein anderes Auto waschen. Doch der Wagen auf dem Foto glänzt wie frisch gewienert. Dabei war er zum Zeitpunkt der Aufnahme (August 2011) bereits ein Vierteljahrhundert alt.↑

Im Zuge des letzten Facelifts wurden auch die Rückleuchten gefaceliftet und trugen fortan integrierte Rückfahrscheinwerfer. Und die Stoßstangen wurden um die Ecken gezogen.←

Typisch britische Ambulanz auf Basis des '84er Transit, ein privater Sanitätsdienst aus Wales. Die Schiebetüren lieben die Briten besonders. Sie sind ja auch sehr praktisch.»↓

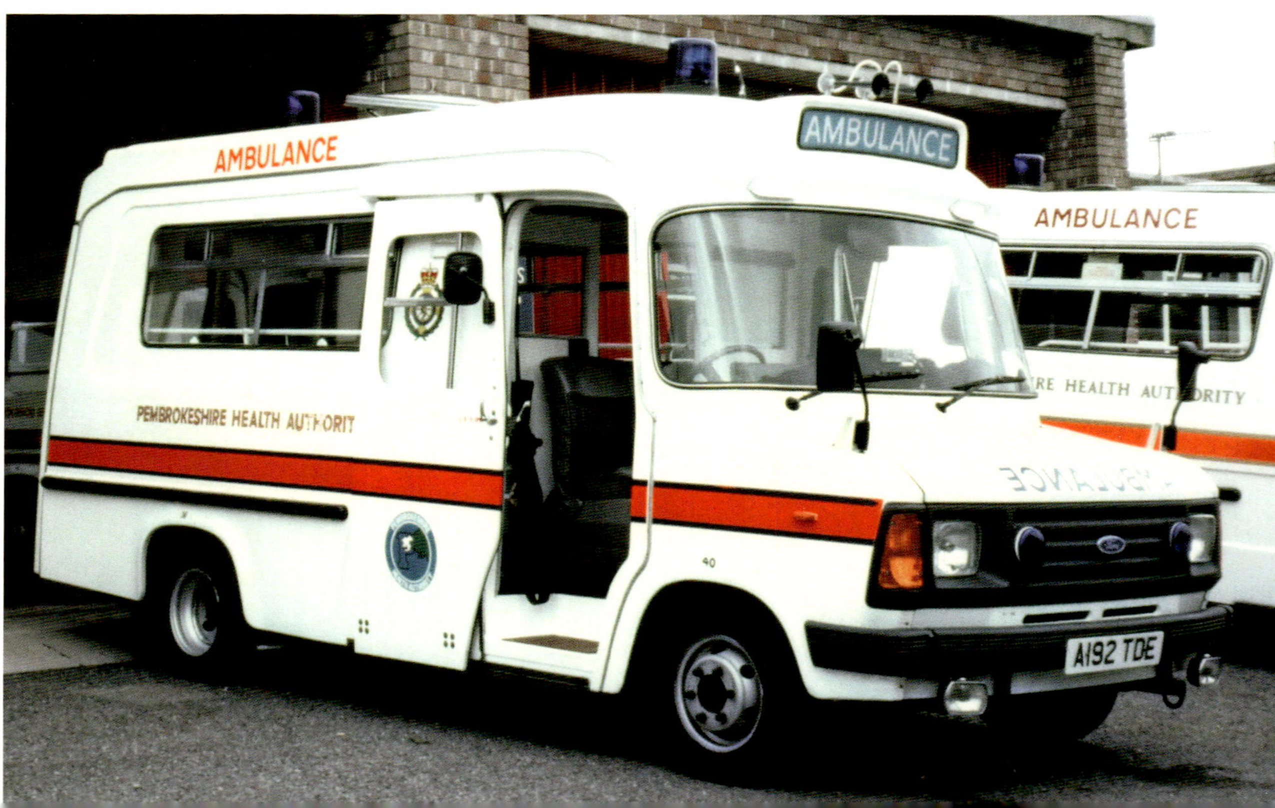

Weite Teile Großbritanniens sind sehr ländlich strukturiert, vor allem in Schottland, Irland und Wales. Dort spielen Schulbusse eine besonders wichtige Rolle. Und weniger bedeutende Strecken des öffentlichen Nahverkehrs werden von privaten Unternehmern mit Kleinbussen bedient. Dafür gibt es Transit mit Spezialaufbauten mit kurzem...

...und mit langem Radstand. Einige Karosseriebauer haben sich auf Transit-Kleinbusse spezialisiert, und nur die Schnauze erinnert an das Basisfahrzeug. Dieser war in Lancashire unterwegs.

Der Transit ging in Pension. Am 25. Juli 1984 feierte er noch den Zweimillionsten, im Dezember 1985 trat er ab. Im Januar 1986 kam sein Nachfolger, wieder eine völlige Neukonstruktion wie 1965, vorne nun mit Einzelradaufhängung, mit Zahnstangenlenkung und personenwagenähnlichem Fahrgefühl. Sein Erscheinen ist zwar auch schon wieder 36 Jahre her und somit ist ein Transit '86 per Definition ein Oldtimer. Und doch ist er ein (früher) Vertreter der heutigen Art, Transporter zu bauen und somit kein Klassiker, sondern ein Gebrauchsfahrzeug. Dieses Buch beschäftigt sich mit klassischen Ford-Nutzfahrzeugen, und dazu zählen wir den Transit '86 eindeutig nicht. Trotzdem bekommt er ein Höflichkeitsfoto im Buch geschenkt. Aber mehr Erwähnung hat er (noch) nicht verdient.

Türkiye'de yapıldı – Hergestellt in der Türkei: Der Otosan-Transit

»Türkspeed« – so wurde der Transit in den 70er Jahren veräppelt, weil die Türken ihn mochten. Ihn und den Granada, die beiden Ford mit großem Innenraum. Die Deutschtürken fuhren Ford. Viele von ihnen arbeiteten dort. Kinder und Enkel von türkischen Fremdarbeitern der ersten Stunde arbeiten heute noch gerne bei Ford. Ford mochte die Türken und die Türken mochten Ford. Und weil sie große Familien hatten und im Sommerurlaub eine weite Reise in die Heimat machten, bevorzugten sie den größten Ford, den Granada oder gleich die Kleinbusversion des Transit.

Für die Verbundenheit der Türken zur Marke Ford gibt es zwei Gründe. Beide liegen in den 60er

In diesem Zustand kann man einen Vertreter der letzten Ur-Transit-Generation auch heute noch auf der Straße antreffen. Aber gewiss nicht jeden Tag. Außer, der Transporter gehört dem Nachbarn. Aufnahme 2020 im Elsass.

Typisch, klischeehaft, authentisch: Transit Kleinbus im türkischen Alltag, jenseits des Bosporus, im kleinasiatischen Teil der Türkei, in Anatolien. Aufnahme 1972.

Der Höflichkeitsblick in die nähere Vergangenheit: Neuer Transit ab 1996, hier in der Faceliftversion ab dem Jahr 2000, mit individueller Firmenbeschriftung.

Deckblatt des türkischen Transit-Prospektes von 1978, lauter gelbe Transit mit runden Scheinwerfern und mit rasanten, schwarzen Streifen. Diese Art der Dekoration war in der Türkei gang und gäbe.

Jahren. Die Arbeitsmigranten in der Bundesrepublik wurden anfangs »Gastarbeiter« genannt, da es um eine zeitliche Befristung ging. Noch bis weit in die 70er und sogar 80er Jahre hinein war der Begriff geläufig, er hatte sich einfach eingebürgert, auch wenn aus türkischen Gastarbeitern längst Deutschtürken wurden, sie also in der Bundesrepublik heimisch wurden. Anfang der 60er Jahre, das Wirtschaftswunder befand sich auf seinem Höhepunkt, hatte die Bundesrepublik zu viel Arbeit für

Ebenfalls in anatolischer Bergregion, ein ziemlich gammeliger, alter Transit Bus 1983, vor ihm ein Fiat Ritmo.

zu wenige Arbeitnehmer und warb diese deshalb in südeuropäischen Ländern und der Türkei ab, wo die Arbeitslosigkeit in gewissen Regionen hoch war. Angestrebt wurde damals eine zeitliche Beschränkung, doch viele blieben hier, bis heute in dritter Generation. Die meisten der türkischen Arbeitsmigranten waren anatolische Bauern. Ford in Köln hatte sehr großen Arbeitskräftebedarf und organisierte deshalb ab 1963 selbständig Reisen für arbeitswillige Türken nach Köln. Das Arbeitsministerium unterstützte Ford beim Bau von Unterkünften, um 1970 lebten in Köln rund zwei Drittel der Türken ohne ihre Familien in Arbeiterwohnheimen. Dann kam der Familiennachzug, und Anatolier hatten damals große Familien. So wurde Köln zu einer Stadt mit besonders hohem Anteil an Türken. Sie arbeiteten bei Ford, identifizierten sich mit Ford, und deshalb hatten auch andere Türken in der ganzen Bundesrepublik eine Affinität zu Ford, auch wenn sie nicht

Transit Bus aus den späten 70ern oder frühen 80ern, 2022 noch im Alltagsbetrieb. Und wenn die Zierstreifen auch noch so verblasst sind – sie sind vorhanden!

dort beschäftigt waren. Die türkischen Mitarbeiter bei Ford stellen bis heute die größte geschlossene Gruppe von Türken und türkischen Arbeitern in Deutschland dar und Ford kümmerte sich um sie, das gegenseitige Verhältnis war und ist gut.

Das ist der Aspekt, warum Deutschtürken in den 70er und 80er Jahren häufig Ford fuhren. Der andere liegt in der Türkei selbst begründet. Denn dort gehört Ford seit 1959 quasi zu den einheimischen Marken, neben ganz wenigen anderen Autofirmen. Der türkische Geschäftsmann Vehbi Koç (1901-1996) gehört zu jenen, welche die Türkei industrialisierten, indem er Güter im Land produzierte, die zuvor hatten importiert werden müssen, darunter Glühlampen, Konserven und Stahl, und Koç produzierte auch Gas im eigenen Land. Und Autos. In Istanbul gründete er die Otosan Otomobil Sanayii, ab 1960 liefen Ford-Fahrzeuge in Lizenz vom Band, was Ford in der Türkei sehr populär machte. Otosan baute auch eigens konstruierte Fahrzeuge, den Anadol zwischen 1966 und 1985. Otosan produzierte zunächst den englischen Ford Consul Mk II und Ford-Thames-Lastwagen sowie den deutschen Taunus 17m P3 Turnier, ab Dezember 1961 den englischen Thames 800 Minibus, quasi den Vater des türkischen Transit. 1965 stellte Otosan den ersten Lastwagen der Ford D-Serie her, ein Erfolgsmodell über 18 Jahre, gefolgt vom Cargo ab 1983.

1977 stieg Ford mehrheitlich bei Otosan ein - seit 1997: 41 % Ford Otomotiv Sanayi und 41 % Koç Holding A.S, seit Vehbi Koçs Ruhestand 1984 unter der Leitung seines Sohnes Rahmi Koç; der Rest der Anteile im Streubesitz. Danach konzentrierte sich Otosan ab September 1985 auf den Taunus: Aus Köln kamen die Produktionsanlagen für den Taunus TC II, nachdem dieser hier vom Sierra abgelöst worden war. Produktion bis 1993 (gefolgt vom Escort '93), der Pickup sogar bis 1997. Parallel zur zwanzigjährigen Anadol-Episode lief ab 1967 der Transit vom Band, bis auf lokale Besonderheiten identisch zum Transit aus belgischer Fertigung. Die frühen Transit Diesel mit der verlängerten Frontpartie und dem hervorstehenden Kühlergrill tragen in der Türkei bis heute den Nicknamen »Domuz Burun«, übersetzt »Schweinenase« – nicht anders als anderswo, selbst Spitznamen haben globalen Bestand. Die Modelle ab 1978 aus türkischer Fertigung trugen stets runde statt der rechteckigen Scheinwerfer. Die letzte Version des 1965er Transit, die Faceliftversion vom Herbst 1983 bis Ende 1985, überlebte auf türkischen Fließbändern sehr lange, bis 1993, zuletzt ausschließlich mit dem 2,5-Liter-Direkteinspritzer-Diesel mit 68 PS und Fünfganggetriebe. Bei Otosan wurden von dieser Generation nur Fahrzeuge mit kurzem Radstand gebaut, den Lieferwagen, Kombi und Bus gab es fortan ausschließlich mit leicht erhöhtem Dach. Der Transit in seiner Version zwischen 1978 und 1993, also der facegeliftete Ur-Transit, genießt in der Türkei einen ungemein guten Ruf und ist ein richtig gehendes Kultfahrzeug. Daran nicht unbeteiligt ist der populäre Film Çiçek Abbas, eine Tragikömödie von 1982, deren Protagonist der Assistent eines Kleinbusfahrers ist. Und der Kleinbus ist (natürlich!) ein roter Transit mit weißem Dach und türkischen Flaggen, der eine tragende Rolle darin spielt. Dieser Film ist so populär in der Türkei, dass es sogar Spielzeugautos des konkreten Transit gibt und so mancher Transit-Fan dort sein Exemplar in den Farben des Çiçek-Abbas-Fahrzeugs lackieren lässt (und das ist dann, in türkischer Sprache, ein »Çiçek Abbas Münibüs«, und zumeist trägt er einen nachträglich eingebauten Kölner V6 unter der Haube). Auch bei den folgenden Transit-Generationen gab es lokale Besonderheiten, aber kaum nennenswert. Das betraf vor allem die Dekoration. In der Türkei waren und sind Zierstreifen aller Art sehr beliebt, auch Lieferwagen sollen sportiv aussehen.

Heute wird der Ford Transit für den gesamten Weltmarkt bei Otosan gefertigt, ebenso wie der Ford F-Max, der Cargo-Nachfolger seit 2019 (Otosan-Konstruktion und -Design, Präsentation Nutzfahrzeug-IAA 2018, Produktion auch in Russland und China). Er wird als 500-PS-Sattelzugmaschine

Dieser fristet sein Dasein im Hof, ohne Zulassung, aber das dürfte ein vorübergehender Zustand sein. 2022 gesehener Transporter mit verglaster Laderaumtür und türkischer Flagge auf der Motorhaube.

seit Herbst 2021 auch in Deutschland angeboten, über die eigens dafür gegründete F-Trucks Deutschland GmbH als Generalimporteur. Dahinter steckt die Unternehmensgruppe Stegmaier aus Crailsheim, seit 1930 Ford-Händler. Nach dem Transcontinental will also wieder ein richtig schwerer Ford den europäischen Nutzfahrzeug-Sektor aufmischen. Ob es gelingen wird? Nun muss erst mal ein flächendeckender Service mit genügend Stützpunkten aufgebaut werden.

Die Faceliftversion von »Rotkäppchen« lief in der Türkei länger als sonstwo vom Ford-Fließband. Späte Vertreter des Genres, aus den frühen 90ern, Kleinbusse mit leicht erhöhtem Dach.

An zwei türkischen Standorten entstehen die Otosan-Ford: Zwei Fabriken in Gölcük, das Werk Kocaeli, 2001 eröffnet als Nachfolger des Werkes in Istanbul, sowie das Werk Yeniköy, 2014 in Betrieb genommen, bauen heute sämtliche Transit für den Weltmarkt (Transit, Transit Custom, Turneo Custom, Tourneo Courier, Transit Courier), aus Yeniköy kommt darüber hinaus der Ford Courier. In der Inönü-Fabrik in Eskisehir werden seit 1982 schwere Lastwagen gefertigt, zunächst der Ford Cargo, seit 2018 der F-Max. Im Frühjahr 2021 kündigte Otosan an, den Transit Custom der kommenden Generation, darunter Plug-in-Hybride und eine vollelektrische Version inklusive der Batterien, ab 2023 in Kocaeli zu produzieren, parallel zum neuen Volkswagen Eintonner im Rahmen der Ford-Volkswagen-Allianz. Und im März 2022 vermeldete Otosan, von Ford das rumänische Werk in Craiova zu übernehmen (das ehemalige Citroën/Olcit-und spätere Daewoo-Werk), wo bis 2012 ebenfalls der Transit Connect gebaut wurde und heute die kleinen SUVs EcoSport und Puma für den Europamarkt vom Band laufen. Der kommende Transit Courier/Tourneo Courier ab 2023 wird ebenfalls in Rumänien gebaut werden.

Nachdem Genk die Transit-Produktion 1985 eingestellt hatte, überarbeitete Otosan die Karosserie und verpasste ihr ein erhöhtes Dach bis zum türkischen Produktionsstopp 1993. Prospekt des Otosan Transit Ambulanz aus dem letzten Produktionsjahr.←

Pritschenwagen des letzten Modelljahrs 1993 mit Plastikradkappen und stolzem Verweis auf seinen Direkteinspritzer-Diesel und das Fünfgang-Getriebe. Im Alltagsbetrieb 2022.

Ein Spielzeugauto mit Rückzugmotor, formal nicht gerade eine modellbauerische Meisterleistung, aber erkennbar ein Transit. Das ist das Filmauto aus Çiçek Abbas, mit vielen türkischen Symbolen versehen, denn in der Türkei ist Nationalismus nichts Negatives, sondern eine Selbstverständlichkeit.

Der Transit '86 lief bei Otosan acht Jahre lang parallel zum Vorgängermodell vom Band.

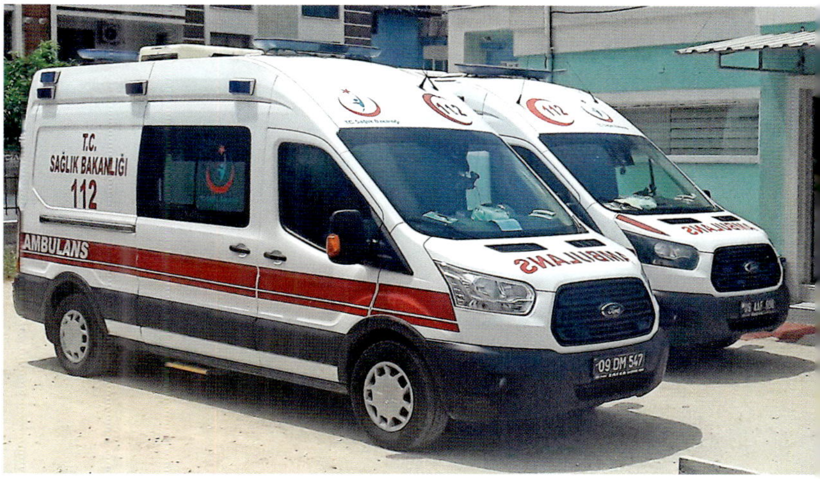

Aktuelle Generation, aber vor dem Facelift: Transit '14 als Krankenwagen. Fahrzeuge im öffentlichen Dienst tragen in der Türkei schwarze Kennzeichen mit weißer Schrift.

Heavy Duty aus der Otosan-Inönü-Fabrik in Esksehir: Der F-Max ist bis jetzt nur als 4x2-Sattelzugmaschine erhältlich. Er wird auch bei Avtotor im russischen Kaliningrad (Königsberg) montiert und bei JMC im chinesischen Taiyuan produziert, dort als Weilong HV5 vermarktet.